新世纪职业教育应用型人才培养培训创新教材

U0326192

Dreamweaver CS6
工作任务教程

王代勇 鞠艳◎主编

朱玉超 雷怡然◎副主编

张睿 赵玉峰◎参编

清华大学出版社

北京

内 容 简 介

本书以培养实践能力为主线,采用基于工作过程为导向的课程模式,模拟实际工作情境,将工作任务进行优化和设计,让学习者成为学习的主体,边学边做,边做边学,着眼于培养学习者的综合能力和工作技能。提高学习者的学习兴趣和积极性,同时培养学生自主学习的能力,让他们学会学习。

本书以目前主流的网页设计软件 Dreamweaver CS6 为平台,共分 3 个篇章,设置了 18 个任务,涉及教育类、企业类、旅游类、时尚类等多种网站页面,每个任务不但是对新知识点的学习,同时也是一次实际开发的模拟。通过这些任务的学习,把网页设计制作最实用的知识和最基本的技能由浅入深地传授给学习者,让学习者学习后能够较快地适应社会实际岗位要求。

本书可作为职业院校和各类培训班相关专业网页设计与制作课程的教材,同时适合于掌握网页制作最实用知识的初学人员。

图书在版编目(CIP)数据

Dreamweaver CS6 工作任务教程/王代勇,鞠艳主编. --北京:清华大学出版社,2013(2020.8重印)
新世纪职业教育应用型人才培养培训创新教材
ISBN 978-7-302-33497-2

Ⅰ. ①D… Ⅱ. ①王… ②鞠… Ⅲ. ①网页制作工具-中等专业学校-教材 Ⅳ. ①TP393.092

中国版本图书馆 CIP 数据核字(2013)第 189803 号

责任编辑:田在儒
封面设计:王丽萍
责任校对:刘　静
责任印制:宋　林

出版发行:清华大学出版社
　　　网　　　址:http://www.tup.com.cn,http://www.wqbook.com
　　　地　　　址:北京清华大学学研大厦 A 座　　　邮　　　编:100084
　　　社 总 机:010-62770175　　　邮　　　购:010-62786544
　　　投稿与读者服务:010-62776969,c-service@tup.tsinghua.edu.cn
　　　质量反馈:010-62772015,zhiliang@tup.tsinghua.edu.cn
　　　课件下载:http://www.tup.com.cn,010-83470410
印 装 者:三河市龙大印装有限公司
经　　销:全国新华书店
开　　本:185mm×260mm　　　印　　张:14　　　字　　数:322 千字
版　　次:2013 年 11 月第 1 版　　　印　　次:2020 年 8 月第 3 次印刷
定　　价:39.00 元

产品编号:053743-02

前 言

FOREWORD

近年来,我国职业教育坚持以就业为导向,以技能应用型人才为培养目标,进行了很多改革和探讨,其中课程改革占据很重要的地位。目前传统学科型课程模式仍然没有根本改变,课程内容与职业实践相脱节的现象依然存在,难以彰显职业教育的特色。课程改革目标要体现时代特色和要求。摆脱传统教育思想的影响和普通教育模式的束缚,强调学生的需要和学习特点,为学生提供一个有利于他们学习和发展的教学活动和教育环境;注重课程与教学的实效,注重培养学生的创新精神和实践能力。作为未来职业人,要掌握的知识很多,既有数量因素,又有质量因素,关键在如何掌握知识质量因素上,讲究知识的够用、会用、活用。知识要为工作实际服务,培养终身学习的能力,增强学校课程与社会职业对接度,提高学生的社会适应性。本教材正是基于这一理念,对网页设计制作课程进行一次改革尝试,做到让学生易学、易就业,让老师易教、易拓展。

网页设计与制作是职业学校计算机专业的主要课程之一,目的是使学生通过该课程的学习,熟练掌握网页的基本概念和制作技能,能够根据要求设计和制作出美观和实用的网页,能够独立进行小型网站的规划和开发。在学习本课程之前,学生最好已经修完图像处理、Flash 动画等相关课程,掌握一定的美学基础。本教材以目前主流的网页设计软件Dreamweaver CS6 为平台,围绕网页开发的各个环节设置任务,所有任务经过作者的优化和设计,使其在融入知识点的同时,能够与以后的工作实际相结合,每完成一个任务的学习,都相当于进行了一次实际开发工作,全书学习完成后能够很好地与社会职业对接,使学生较快地适应岗位要求。

本书结合实际应用,采用基于工作过程为导向的课程模式,由浅入深地讲解,内容丰富、语言简练、图文并茂,突出了实用性、科学性、趣味性。本教材共分 3 个篇章,18 个任务,每个任务根据教学需要灵活选择设置以下环节内容:任务描述、任务目标、任务分析、实施步骤、知识链接、任务拓展、小结、练习、上机操作。在基础篇中包含 8 个任务,介绍了网页的相关概念,如何在网页中插入文本、图像、动画、声音、表单等基本元素,如何使用表格排版、布局页面,如何创建超链接。在提高篇中包含 7 个任务,通过具体任务的演练,更加深入地介绍了如何运用 Div、框架、CSS 对网页进行灵活地布局和对网页的版面进行控制和美化,如何运用模板和库简化网页的制作过程,以及如何增加页面的动感效果,解析了网页源代码,介绍了网页发布的方法。在应用篇中,通过 3 个项目的综合练习,带领学习者创建一个完整的网站,并且介绍了网站建设的流程,以及商业网站的策划和实施。

　　当今社会对学生的职业能力要求，催化出新型的课程结构和教学模式。新型教学模式是以工作为基础的模仿学习，将学生置于一种模拟环境中，呈现给学生具有挑战性、真实性、复杂性的问题。本教材的特色在于以培养实践能力为主线，贯彻理论和实践相结合的原则，不过多讲解理论。理论知识以够用为基准，避免面面俱到，在保证内容科学性和知识点完整性的前提下，不追求内容的系统性和完整性，而是着眼于培养学生的综合能力和工作技能。

　　在互联网普及的今天，网络是人们经常接触的对象，越来越多的上网者已经不再仅仅满足于浏览网页或者收发电子邮件，而是希望更深入地参与网络之中，能够制作出风格独特以及个性十足的网页。本书主要面向职业学校和各类培训班相关专业的学生。对于那些想短时间内掌握网页设计制作最实用知识的各类初学人员，本书也是很好的选择。

　　本书由王代勇、鞠艳担任主编，朱玉超、雷怡然担任副主编，张睿、赵玉峰参编。

　　出版本书是对职业院校课程改革的一次有益尝试，虽有尽力做好的愿望，但由于编者水平有限，书中难免有不足之处，殷切希望得到广大同仁和读者的批评指正。

编　者

2013 年 9 月

目 录

CONTENTS

应　用　篇

基　础　篇

任务1

我的第一次尝试

在当今的网络时代,上网已经成为人们日常生活的一部分,互联网正改变着人们的生活方式和工作方式,无论是企业还是个人纷纷建立自己的网站宣传推广自己。大家可以把各种信息制作成网页的形式对外发布,让更多人下载和浏览,这不但改变了传统的信息发布方式,也大大加快了信息的传播速度,降低了信息发布的成本和难度。Dreamweaver CS6 是当前制作网页的优秀工具,从本任务开始,我们学习如何利用 Dreamweaver CS6 制作网页。

 任务描述

某计算机公司推出了一种新的产品,想要制作一个简单的页面宣传推广。为突显产品特色,将选择用文字阐述产品性能,用图片增强视觉效果,直观显示产品外观,其制作的网页如图 1-1 所示。

图 1-1　网页效果图

 任 务 目 标

（1）能正确描述网页的概念。

（2）能掌握网页的基本构成要素。

 任 务 分 析

要掌握网页制作技能,成为一个建站高手,首先要了解网页的概念、术语等相关基础知识,这是入门的必经之路。换言之,掌握创建网页的相关知识是制作精彩网页效果的前提。本书的第一个任务将带领大家制作网页学习中的第一个网页,使大家对Dreamweaver CS6 有一个基本的认识。要完成的具体工作任务如下:

（1）初步认识 Dreamweaver CS6 的工作环境;

（2）制作第一个网页。

 实 施 步 骤

步骤一　新建一个空白网页

启动 Dreamweaver CS6,出现如图 1-2 所示的界面,选择【新建】栏中的 HTML 选项,系统就会新建一个空白网页。

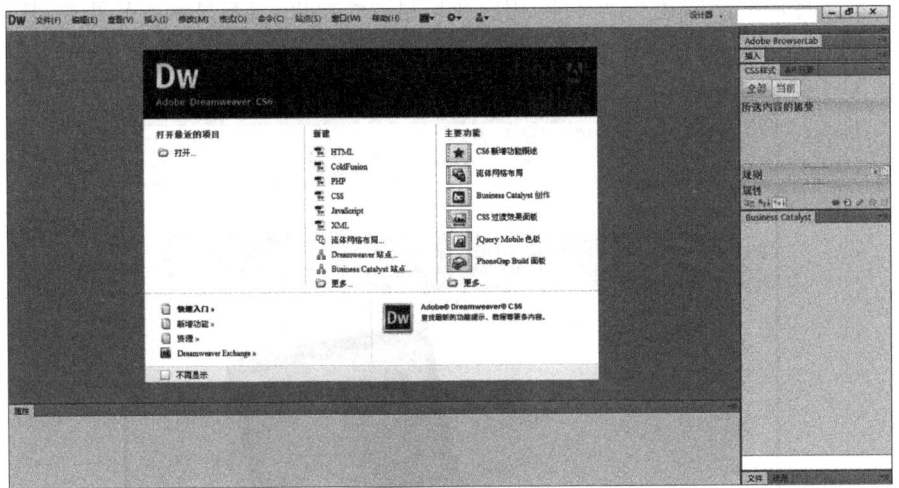

图 1-2　Dreamweaver CS6 启动界面

步骤二　保存新建的网页

单击【文件】菜单,选择【保存】命令,弹出如图 1-3 所示的【另存为】对话框,从中选择文件的保存位置,在【文件名】下拉列表框中输入文件名称"firstpage. html",单击【保存】按钮,即可保存刚刚创建的网页文件。

图 1-3 【另存为】对话框

提示：在新建一个网页文件后，先将其保存再进行编辑是一个良好的制作习惯。

步骤三　输入网页标题

在如图 1-4 所示的工具栏的文档【标题】文本框中输入网页标题"我的第一次尝试"。

图 1-4　工具栏的文档标题文本框

步骤四　在网页中输入文本

参考效果图，在页面中输入相应文本。

步骤五　在网页中插入图像

选择【插入】→【图像】选项，将弹出如图 1-5 所示的【选择图像源文件】对话框，找到计算机里图像文件所在位置，从中选择一幅图像文件，单击【确定】按钮，即可在文件中插入一幅图像。

提示：若插入的图片和网页不在一个驱动器中，系统会提示是否将图片文件复制到网页文件所在的文件夹中，如图 1-6 所示，这里可以单击【是】按钮，在随后打开的对话框中单击【保存】按钮，如图 1-7 所示。

步骤六　再次保存网页文件

选择 Dreamweaver【文件】菜单中的【保存】命令，再次保存网页文件。

步骤七　预览网页最终效果

按 F12 键，启动 IE 浏览器预览网页最终效果，此时就会出现如图 1-1 所示的效果。

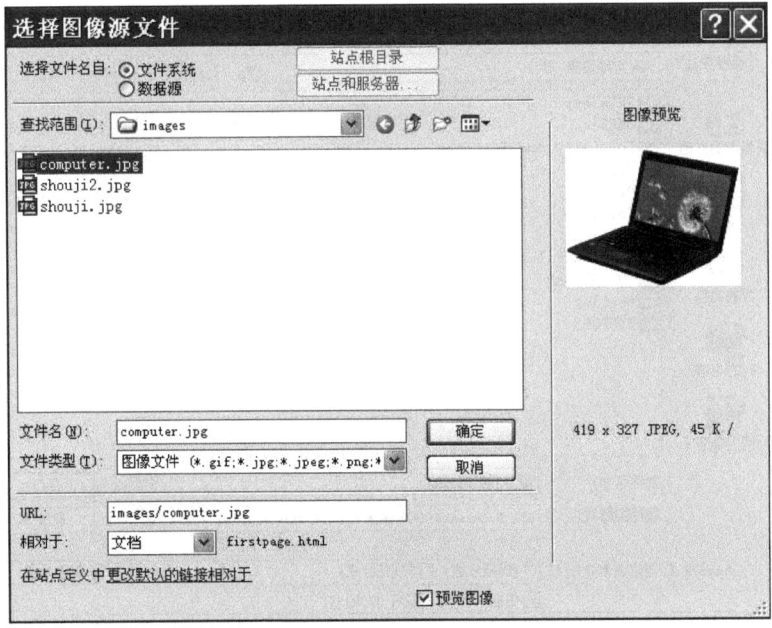

图 1-5   【选择图像源文件】对话框

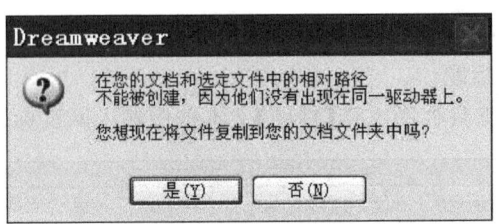

图 1-6   提示对话框

图 1-7   【复制文件为】对话框

　　说明：这是一个简单的网页制作过程，涉及文本元素和图像元素的插入知识，我们会在后面的任务中对这些元素进行详细学习，在这里大家只要按照教材做就可以了。

（一）网页的基本概念

1. Internet

Internet 对于大多数人来说已经是个很熟悉的词汇了,那么它的真正内涵是什么呢? Internet 翻译成中文叫作因特网,事实上,它是一个国际性的通信网络集合体,它集现代通信技术和现代计算机技术于一体,是计算机之间进行国际信息交流和实现资源共享的良好手段。Internet 将各种各样的物理网络连接起来,构成一个整体,而不论这些网络类型的异同、规模的大小和地理位置的差异。因此,准确的描述是:Internet 是一个网络的网络(a network of network)。

Internet 的历史并不长,它的前身是美国国防部高级研究计划管理局在 1969 年创建的一个军用实验网络,名为 ARPANet(阿帕网),初期只有 4 台主机。20 世纪 80 年代初期 ARPA 和美国国防部通信局研制成功用于异构网络的 TCP/IP 协议并投入使用,这是 Internet 发展过程中值得记录的一件大事。20 世界 80 年代末期,Internet 真正开始了它的扩张和发展,其应用范围也由最早的军事、国防,扩展到美国国内的学术机构,进而迅速覆盖全球的各个领域,运营性质也由科研、教育为主逐渐转向商业化。

2. WWW

WWW 是 World Wide Web 的缩写,即"万维网"。是 20 世纪 90 年代初出现的新技术,属于因特网的一部分。万维网是一个基于超级文本的信息查询工具,它是基于超文本的结构体系,由大量的电子文档组成,这些电子文档存储在世界各地的计算机上,通过各种类型的超链接连接在一起,目的是让不同地方的人使用一种简洁的方式共享信息资源。

那么,Internet 与 WWW 之间有什么关系呢? WWW 诞生于 Internet 之中,后来成为 Internet 的一部分。也就是说,WWW 只是 Internet 众多功能中的一种。

3. 网页

在 WWW 中最基本的电子文档就是网页,换句话说,网页是 WWW 的核心内容,它是用 HTML 或 ASP 等其他语言编写的。一般情况下,当用户上网时,浏览器的主文档区域显示的就是一个网页,它包括文本、图像、表格、按钮、二维动画等多种元素内容。

通常的网页都是以 htm 或 html 后缀结尾的文件,俗称 HTML 文件。HTML 的意思是 "Hyper Text Markup Language",中文翻译为"超文本标记语言"。一个 HTML 网页文件包含了许多 HTML 标记符,它是一些能让浏览器看懂的标记。网页源代码的基本组成结构如下所示:

```
<html>
<head>
<title> 标题</title>
</head>
<body>
正文
```

```
</body>
</html>
```

提示：大家可以在 Dreamweaver 中，查看刚才项目中网页的源代码结构，方法是打开如图 1-4 所示工具栏中的【代码】标签，把编辑窗口切换成代码模式。

网页分为静态网页和动态网页。

（1）静态网页

静态网页是指浏览器端与服务器端不发生交互的网页，但是网页中可能会包括 GIF 动画、视频、脚本程序等。也就是说静态网页中的元素不是都静止不动的。

（2）动态网页

动态网页中的"动"指的是"交互性"，网页能根据访问者不同操作或访问时间的不同而显示出不同的内容，这一般是通过编写服务器端程序实现的，如 ASP. NET 等，有专门的书籍介绍这方面的知识，本教材不包含这部分内容。

4. 网站

网站实际上是若干相关网页的集合，这些网页通过超链接的形式连接在一起，网站又称作 Web 站点。网站一般要放在服务器上对外发布，这样一来，不同地方的人才能通过网络访问服务器，看到网站中的页面。这样的服务器被称作 Web 服务器，本书会在后面介绍如何安装 Web 服务器及发布网站。

5. 网页的工作原理

网站要发布，必须放在网络服务器上，这种服务器叫作 Web 服务器，用户端需要用浏览器软件向服务器发出请求，Web 服务器则根据请求，把用户端需要的网页传回给浏览器。图 1-8 很好地说明了一个网页的工作过程，我们总结为四步。

（1）客户在浏览器中输入请求的网站中某网页地址，如 http://www. sina. com/index. htm。这地址我们称为 URL 地址。

（2）客户端的请求根据地址被送往网站所在的 Web 服务器，服务器查找存放在上面的网页。

（3）若找到网页，则 Web 服务器把找到的网页回送给客户端。

（4）客户端收到后在浏览器中显示输出。

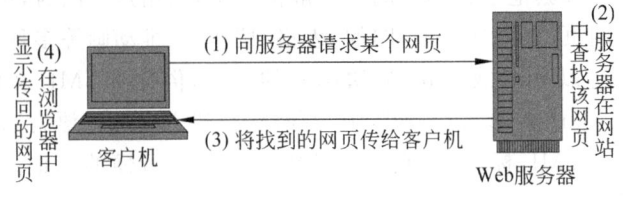

图 1-8　网页的工作原理

（二）网页的基本构成要素

1. 文本

文本一直是人类最重要的信息载体与交流工具。所以，文本是一个网站中最基本的构成要素,网页中的信息也以文本为主,如栏目概述、公司介绍、产品介绍等。文字没有较强的吸引力,但设计者可以通过赋予它不同的字体、字号、颜色等属性来提高感染力、生命力。

2. 图片

图片是表现、美化网页的最佳元素,但网页中的图片不宜用得过多,否则会让人觉得杂乱,也会使网页的浏览速度大大下降。网站中的图片根据用途不同,可以分为:Logo(网站标志)图片;Banner(一般应用于首页或栏目首页的横幅图片)图片;Icon图标(网站中用于修饰的小图标);Background(背景图片);其他修饰图片。图1-9所示是雀巢公司的网站首页,其中A处图片就是Logo,是一个网站区别于其他网站最有特点的地方或商标。B处就是网站的Banner,一般是网站的标题口号或广告。C、D、E、F处就是几个Icon图标,用于装饰。G处就是一幅背景图片。

图1-9　示例网页

图片文件的格式相当多,如BMP、JPEG、GIF、WMF、ICO、PNG等,它们各有各的应用场合,但在网页上使用最为广泛的要算JPEG和GIF两种图像格式,因为它们的压缩率较高,文件比较小,适合在网络中快速传输。这两种文件的扩展名一般为.jpg和.gif。

3. 动画

为了使网页显得生动、活泼,网页经常会用到动画做点缀。人们通常看到的网页动画是动态的GIF格式的图片。当然,现在很多网站越来越多地使用Flash动画,观看时需要在浏览器上安装Flash播放软件。

4. 声音和视频

很多网页为了吸引浏览者,常常设置一些视频或声音,使得页面图文声并茂。声音是多媒体网页的一个重要组成部分,添加声音提高了网页的可观赏性,但需要考虑的要素包括其用途、格式、文件大小、声音品质及浏览器差别等,不同浏览器之间可能彼此不兼容。常用的网络声音文件有MIDI、WAV、MP3、AIF等。

在网页中插入视频文件将会使网页变得更加精彩而富有动感。常用的视频文件格式有RM、MPEG、AVI和DivX,但同样也要注意浏览器是否支持,有时为了能显示视频,可能需要浏览器安装特定的插件。

5.超链接

超链接是指从一个网页指向另一个目的端的链接,目的端通常是另一个网页或者相同网页上的不同位置,或是一幅图片、一个电子邮件地址、一个文件、一个程序等。一般来说,这需要在一个页面中设置链接元素,指明该元素的链接目的地,当用户单击该元素时可到达目的端。

超链接是网页的主要特色,超级链接技术是 WWW 流行起来最主要的原因。

6.表格

在网页中,一般用表格控制网页的布局。其作用有两个方面:一是使用行和列的形式布局文本和图像以及其他的列表化数据;二是可以通过表格精确控制各种元素在两页中出现的位置。

7.表单

表单用来接收用户在浏览器端的输入信息,然后将这些信息发送到服务器端,供服务器端程序处理加工。表单最常用的地方有:搜集客户意见、资料登记、服务申请、网上购物等。表单看似简单,其实需要一些专门的后台处理程序,将搜集到的资料进行处理才能用作其他的用途,本书只涉及表单前端界面的制作,对于服务器端后台处理程序的设计不在本书中介绍。

8.其他元素

网页中除了以上几种最基本的元素外,还有一些其他的常用元素,包括悬停按钮以及Java 特效、Active 等各种特效。它们不仅能点缀网页,而且在网页上的娱乐、电子商务等方面起十分重要的作用。

 任 务 拓 展

(一)任务展示

某手机公司刚刚推出一款新型手机,要制作一个产品促销页面,本任务实现的效果如图 1-10 所示。

(二)制作要点提示

(1)新建并保存网页,命名为"index. html"。

(2)参考效果图,输入相应文本。

(3)依照前面的方法插入两幅图片。

(4)再次保存文件。

(5)预览最终效果。

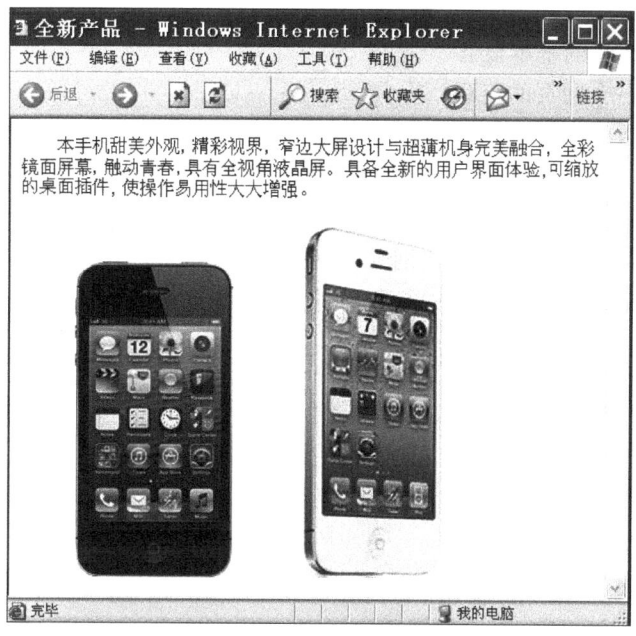

图 1-10　网页效果图

小　结

本任务主要介绍了网页制作的基础知识，包括网页的一些基本概念、相关术语和主要元素，以及网页的工作原理等。通过本任务的学习，读者应该对网页制作的基础知识有了初步的了解和认识，这些基础知识是大家学习后面课程的基石。

练　习

一、填空题

1. 万维网是一个基于_____的信息查询工具，它是基于_____的结构体系，由大量的电子文档组成。

2. 网页文件的一般后缀名是_____或_____。

3. 本任务用到了_____和_____两种网页元素。

4. 网站又称作_____，网站所在的服务器被称作_____。

5. HTML 的意思则是 "Hyper Text Markup Language"，中文翻译为 "_____"。

二、选择题

1. 提供网页浏览的服务器是(　　)。

　　A. WEB　　　　　　B. POP3　　　　　　C. NEWS　　　　　　D. SMTP

2. 网页所使用的超文本标记语言的简写是(　　)。

　　A. HTML　　　　　　B. XML　　　　　　C. WAP　　　　　　D. SGML

三、简答题

1. 简述 Internet 的基本概念。

2. 说出访问一个网页的流程。

上 机 操 作

在 IE 浏览器中打开新浪、搜狐、网易等网站的主页,试说出网页的元素。

任务2

创建一个站点

在运用 Dreamweaver CS6 开始动手进行网站建设前,还有一个不可缺少的环节,就是知道如何创建管理站点。站点管理是网站制作、维护的一项重要工作,完善的站点管理能提高工作效率、节省工作时间,使工作事倍半功。

 任 务 目 标

(1) 能熟悉 Dreamweaver CS6 的工作界面。
(2) 能熟练创建和编辑站点。

 任 务 分 析

在建设网站时会有多个页面以及很多素材图像等内容,这些内容必须有序而方便地进行组织和管理,如能够自如地实现文件的添加、删除和移动,实时跟踪链接的变化等,Dreamweaver CS6 是通过站点管理来实现这一目标的。为了方便管理,并在以后的维护中能够有序地找到相关内容,就应该学会使用站点管理。要完成的具体工作任务如下:

(1) 操作 Dreamweaver CS6 的用户界面;
(2) 建立本地站点;
(3) 编辑本地站点;
(4) 在站点中建立相关文件夹和页面。

 实 施 步 骤

步骤一　创建一个本地新站点

(1) 启动 Dreamweaver CS6。

(2) 单击菜单栏中的【站点】菜单,选择【站点】下拉菜单中的【新建站点】选项,将打开如图 2-1 所示的【站点设置对象】对话框。

(3) 在打开的对话框中,在【站点名称】文本框中输入网站的名字,为"我的站点"。单击【本地站点文件夹】文本框后的【文件夹】图标█,从弹出的【选择根文件夹】对话框中,

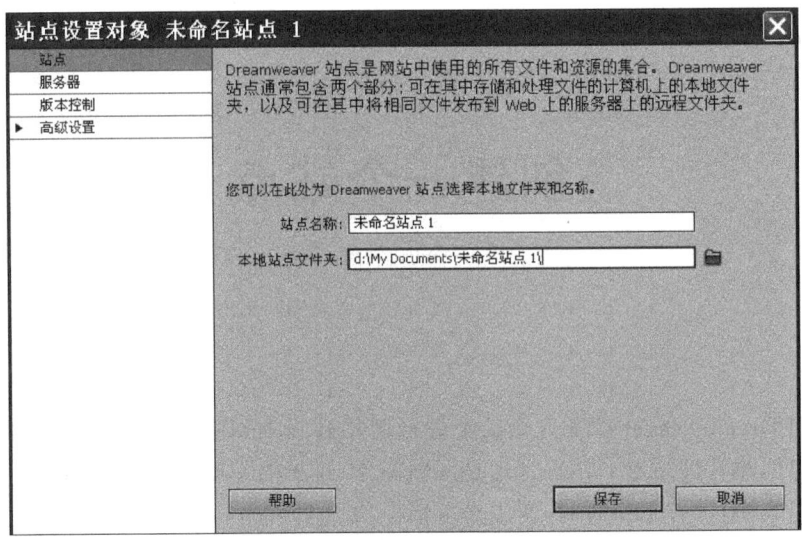

图 2-1 【站点设置对象】对话框

选择文件路径为 E:\myweb,单击【选择】按钮即可。

(4) 单击【保存】按钮,完成设置,一个本地新站点就创建完成了。

提示:用户可以根据自己机器的实际情况选择站点的存放位置,站点的存放文件夹叫作站点根文件夹。一般不要把站点存放在系统盘(C 盘)下。

(5) 想看看站点建立好后的结果吗? 在 Dreamweaver CS6 窗口右侧的【文件】面板中会出现建立的站点,如图 2-2 所示。

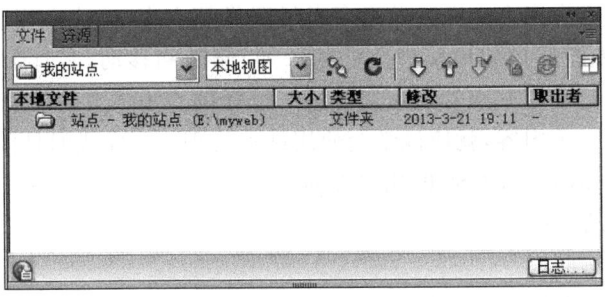

图 2-2 【文件】面板

步骤二   编辑本地站点

站点建立好后,若要对其各项参数进行编辑修改,如改变站点的名字、位置,或是想设置本地编辑好的站点的发布方式,就要按以下步骤进行操作。

(1) 选择【站点】下拉菜单中的【管理站点】命令,打开如图 2-3 所示的对话框。

(2) 在打开的对话框中,从列表中选择要编辑的站点(这里选择前面建立的"我的站点"),然后单击下方的【编辑当前选定的站点】按钮 ✐,打开如图 2-4 所示的【站点设置对象】对话框,进行编辑,这里将【站点名称】改为"个人网站",将【本地站点文件夹】设置为 D:\web,单击【保存】按钮,再单击【完成】按钮,完成编辑。

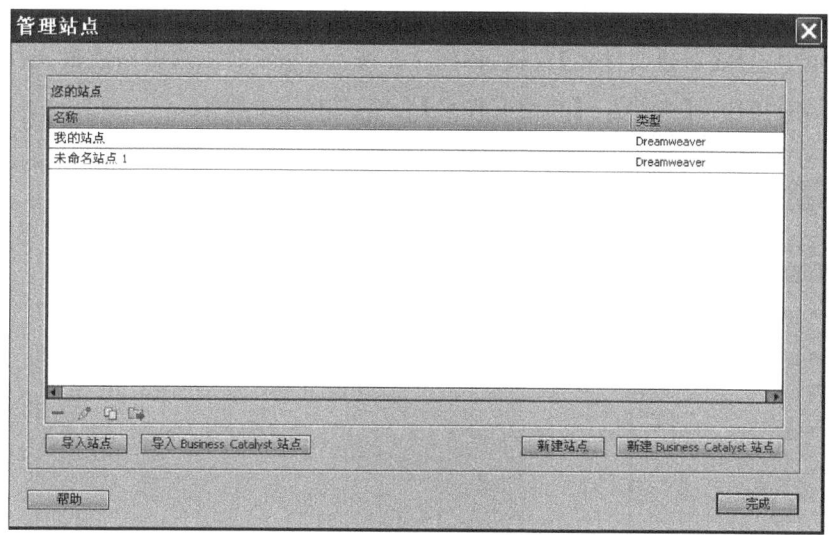

图 2-3 【管理站点】对话框

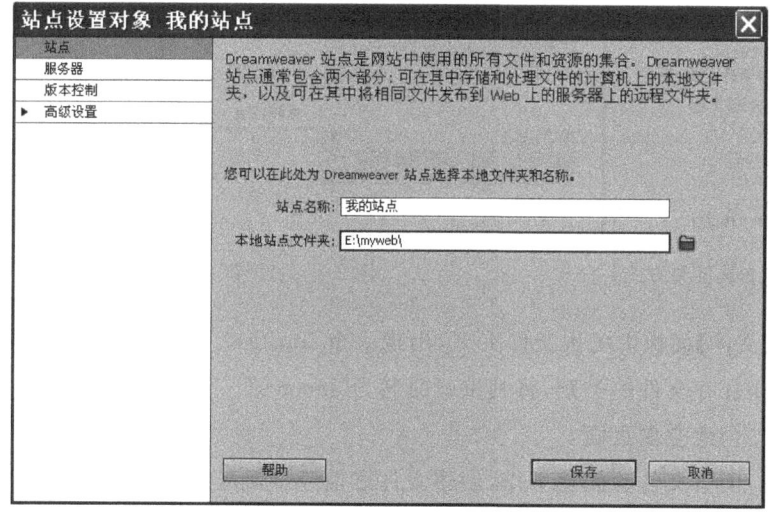

图 2-4 【站点设置对象】对话框

（3）在打开的如图 2-3 所示的【管理站点】对话框中，从列表中选择要编辑的站点（这里选择前面建立的"我的站点"），然后单击下方的【删除当前选定的站点】按钮 ━ ，弹出如图 2-5 所示的对话框，单击【是】按钮，再单击【完成】按钮，完成删除站点操作。

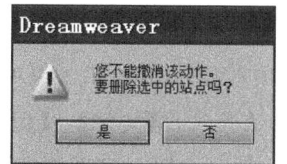

图 2-5 警告对话框

步骤三 创建文件夹

在步骤一中看到了建立好的站点，但里面什么都没有，是一个空站点，接下来的工作就是要在站点中创建文件夹，分类存放各种文件。本操作将在站点根文件夹，即 D:\web 下建立一个子文件夹。

（1）在站点管理器窗口的【文件】标签中，右击代表站点根文件夹的 📁 图标，在弹出的快捷菜单中选择【新建文件夹】选项，如图 2-6 所示，也可以在选中站点根文件夹后，单击 ≡ 图标，直接选择【文件】→【新建文件夹】选项，如图 2-7 所示。

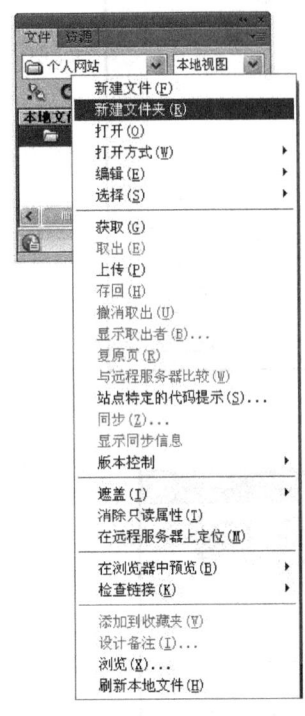

图 2-6   创建新文件夹方式一

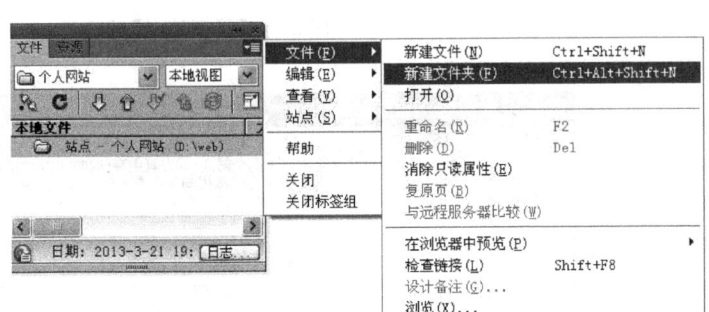

图 2-7   创建新文件夹方式二

（2）在【文件】面板中的根文件夹下，出现一个 untitled 子文件夹，如图 2-8 所示。可以根据其用来保存文件的类别，将其重新命名为"images"。

步骤四   创建空白页面

现在进行网页文件的创建工作，创建文件之前应该确定文件的存放位置。本操作将在站点根文件夹下创建一个网页。

（1）在站点管理器窗口的【文件】标签下，右击代表站点根文件夹的 📁 图标，在弹出的快捷菜单中选择【新建文件】选项，如图 2-6 所示。也可以在选中站点根文件后单击 ≡ 图标，直接选择【文件】→【新建文件】选项，如图 2-7 所示。

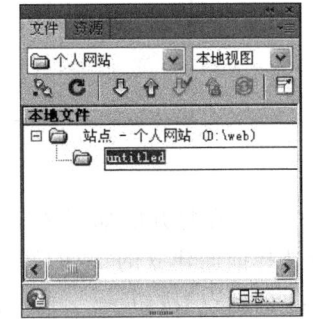

图 2-8   新建文件夹

（2）在【文件】面板中出现一个 untitled 文件，可以将其重新命名，若是首页，将其命名为"index. html"。

 知识链接

（一）Dreamweaver CS6 简介

Dreamweaver 是美国 Macromedia 公司开发的集网页制作和网站管理于一身的一款优秀的"所见即所得"的网页编辑器,并带有站点管理功能,可让用户方便地设计和管理多个站点。Dreamweaver 是一套针对专业网页设计师特别发展的视觉化网页开发工具,利用它可以轻而易举地制作出跨越平台和浏览器限制的充满动感的网页。其可视化特征使用户可以直接在页面上添加和编辑元素,而不用编写任何代码。因此便于设计者在较短的时间内生成一个生动的网站。

（二）Dreamweaver CS6 的工作界面

1. 窗口组成

运行 Dreamweaver CS6,出现如图 2-9 所示的窗口,出现"欢迎屏幕",这里集合了Dreamweaver CS6 启动时的常用功能及快捷操作。

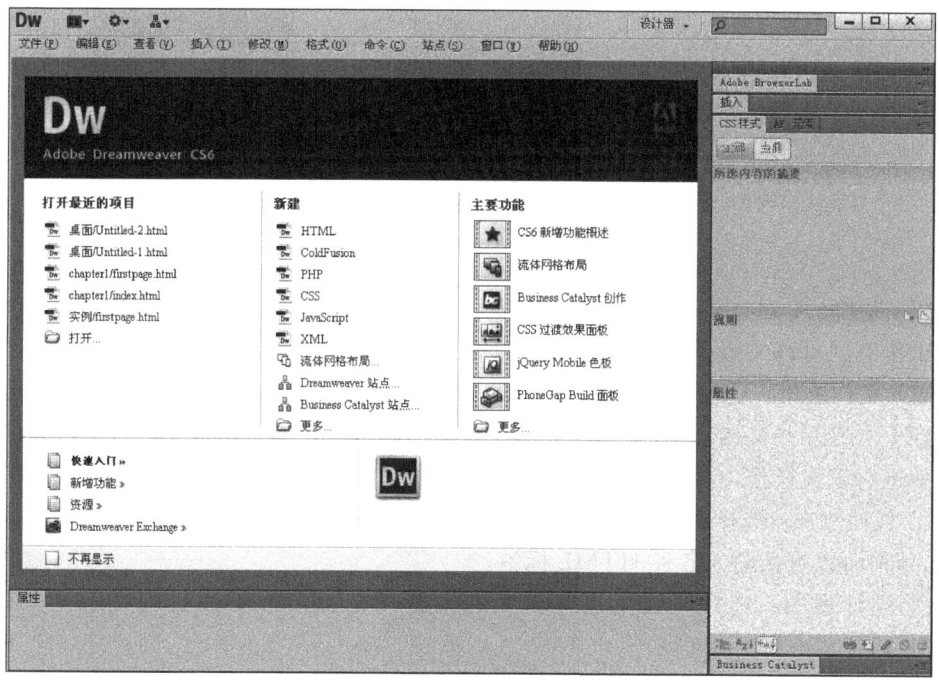

图 2-9 欢迎屏幕

（1）打开最近的项目：本栏目中列出了最近打开的文件,浏览者可以双击此栏中显示的文件名字打开文件,如果要打开的文件不在显示的列表中,可以单击【打开】按钮📁,从中选择要打开的文件。

（2）新建：本栏目中列出了能够创建的新文件类型,如果要创建的文件类型不在显

示的列表中,可单击【更多】按钮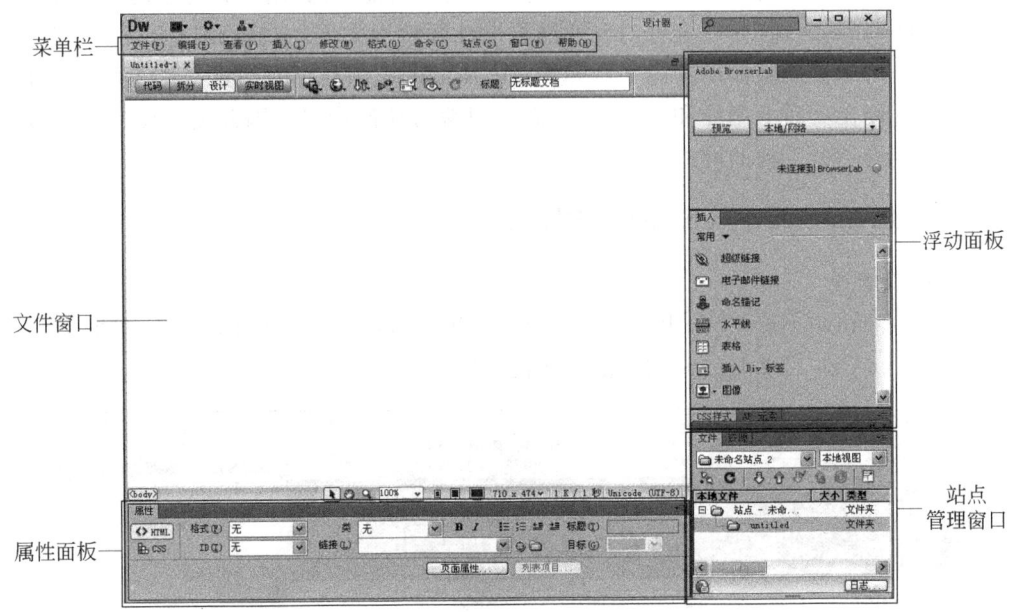,从中选择要创建的文件类型。

(3) 主要功能:本栏目中包含了 Dreamweaver CS6 中的一些特色功能,可单击【更多】按钮,查看更多功能。

(4) 若勾选【不再显示】复选框,以后启动将不再显示"欢迎屏幕"。

2. 工作界面

当新建一个空白的 HTML 文件后,窗口显示如图 2-10 所示。

图 2-10　Dreamweaver CS6 的工作窗口

(1) 菜单栏:通过菜单栏中的命令几乎可以完成网页制作的所有操作,为了获得更大的工作空间可以关闭浮动面板,那么菜单栏的作用就更加重要了。

(2) 文档窗口:显示当前创建和编辑的 HTML 文档内容。

在上方有一些文档工具,主要包括一些对文档进行操作的常用按钮,这样可以方便用户快速进行编辑操作,有代码、拆分、设计、实时视图、多屏幕、在浏览器中预览等选项。

① 代码视图:选择该视图进行文档的编辑,此时编辑窗口中显示文档页面源 HTML代码,用户可以直接输入各种 HTML 标签。

② 设计视图:选择该视图进行文档的编辑简洁、直观,不用去记忆那些烦琐的HTML 标签。

③ 拆分视图:选择该视图进行文档的编辑,可以同时显示设计效果和代码。

④ 实时视图:该视图提供了页面在某一浏览器中非可编辑且更逼真的效果,在设计视图中随时可以打开实时视图功能,打开实时视图功能后,设计视图为不可编辑状态,代码视图保持可编辑状态,用户可以继续更改代码,然后刷新实时视图以查看更改是否生效。

⑤ 在浏览器中预览:网页制作完成并保存后,按 F12 键即可在浏览器中预览。

⑥ 多屏预览：该视图支持当前编辑页面在不同屏幕分辨率的设备上的显示效果预览。

（3）浮动面板：Dreamweaver CS6 以功能全面的工具集著称，如文件、行为和层。为确保这些工具集能充分发挥作用，每个工具集都需要自己的窗口和选项面板。但是，使用的工具越多，工作区就会变得越杂乱。为了减少单个窗口占用工作空间而又不影响它们的使用，Dreamweaver 采用了可停放的浮动面板形式。浮动面板可自定义，使用户实现对工作流程最大限度的控制。

（4）属性面板：显示文档窗口中所选元素的属性，并允许用户在该面板中对元素属性直接修改。选中的元素不同，属性面板中的参数也不同。如果选择图片，那么属性面板上将会显示所选图片的相应属性；如果选择表格，那么属性面板上将会显示所选表格的相应属性；默认情况下，属性面板中显示的是文字属性。

（5）站点管理窗口：管理站点中的所有文件和资源，包括站点上传、远程维护等功能。

（三）创建站点的必要性

在 Dreamweaver 中，"站点"一词既表示一个网站，又表示属于网站的文档的本地存储位置。在开始构建站点之前，制作者需要建立站点文档的本地存储位置，如任务中的 E:\myweb。Dreamweaver 站点可组织与网站相关的所有文档、跟踪和维护链接、管理文件、共享文件以及将站点文件传输到 Web 服务器。

要建设一个完整、成功的网站，必然要包含很多内容，如网页文件、图片文件、声音文件、动画等。为了方便用户的管理、维护，应该在制作网页前，先定义一个新站点，这样可以更有效地利用站点对文件进行管理，使制作网页过程有条理性、结构性，从而避免很多错误的发生，如预览网页时图片不能正确显示、链接出错等问题。在站点根文件夹中还可以再建立一些子文件夹，对各种类型的文件分类保存管理，如建立 images 文件夹存放图片文件，建立 music 文件夹存放声音文件。也可以按其他方法分类进行管理。

Dreamweaver 站点根据站点中文件的存放地点，可以分为本地站点和远程站点。

本地站点是指站点所对应的存储位置为本地计算机，就是操作者开发所用的当前计算机，通常采用在本地计算机上建立本地站点的方式来进行开发调试，完成后再发布到服务器上。本任务中建立的就是本地站点。

还可以利用 Dreamweaver 直接编辑服务器上的网页文件，此时站点所对应的存储位置为服务器，这种站点叫作远程站点。

（四）首页和网站结构

通常所说的网站是由一个或多个网页组成的，而进入网站时首先打开的网页称为首页或主页。按照行业习惯命名为"index.htm"（"index.html"）或"default.htm"（"default.html"），这两种首页的名字在微软开发的 Web 服务器上都可以使用，但其他公司开发的 Web 服务器上，大多采用"index.htm"（"index.html"）作为首页的名字，因此为了使开发出的站点更具有可移植性,建议网站的首页采用"index. htm"("index. html")命名。

　　由首页直接链接的网页被称作一级链接页面,随后是二级链接页面,它们共同构成网站的树形结构,如图 2-11 所示。

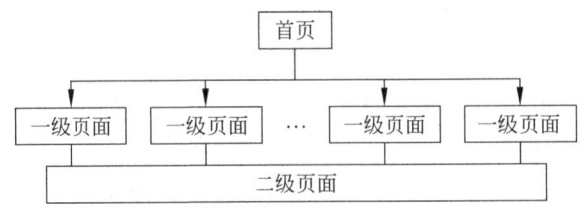

图 2-11　网站树形结构图

小　　结

　　本任务中详细介绍了 Dreamweaver CS6 的工作界面,还具体实施了站点的管理操作,包括站点的创建、编辑、删除等。通过本任务的学习,大家要逐步熟悉 Dreamweaver CS6 的各种工具,熟练掌握 Dreamweaver CS6 的站点管理功能,知道利用站点将会给设计、制作和维护带来很大的便利。我们在后面的任务中,均是先建立站点,然后在站点中进行网站的设计。

练　　习

一、填空题

1. 要创建一个本地站点,可以使用 Dreamweaver CS6 自带的_____工具创建。

2. 在【管理站点】对话框中能实现的功能是 _____、_____、_____、_____、_____、_____。

3. 在右侧的_____功能面板中有【站点】和【资源】两个选项卡。

4. 站点根据站点中文件的存放地点可以分_____和_____两种。

5. 主页的默认名称有_____和_____两个。

二、选择题

1. Dreamweaver 是属于( )公司的产品。

　　A. Microsoft　　　　B. Adobe　　　　C. Macromedia　　　　D. IBM

2. 显示相应元素的属性的面板是( )。

　　A. 对象面板　　　　B. 属性面板　　　　C. 资源面板　　　　D. 历史面板

3. 网站中的 images 目录一般用来存放( )文件。

　　A. 网页　　　　B. 图像　　　　C. 文本文件　　　　D. 数据库

三、简答题

1. 简述站点的作用。

2. 简述 Dreamweaver CS6 不同视图的特点。

上 机 操 作

对 Dreamweaver CS6 中的浮动面板组进行拆分和组合。

根据前面学过的知识,使用 Dreamweaver CS6 提供的站点定义向导创建一个本地站点,命名为"第一次尝试",其中本地根文件夹设置为 D:\myweb。然后在站点下新建两个子文件夹,一个命名为 study,一个命名为 work,再新建一个首页文件(index.html)。

任务3

在网页中使用文本

用户所浏览的网页无论多么生动和丰富，文本自始至终都是网页中最基本的构成要素。因为它易输入、易编辑、易下载、易理解，是向浏览者传递信息最有利、最直接的载体。因此掌握好文本的使用，对于网页制作来说是非常重要的。

任务描述

某学校新设立了电子商务专业，需要制作电子商务专业介绍的页面。在该工作任务中，为了更加清晰明了地叙述内容，利用文本来作为网页的主要信息元素进行设计，网页的效果如图 3-1 所示。

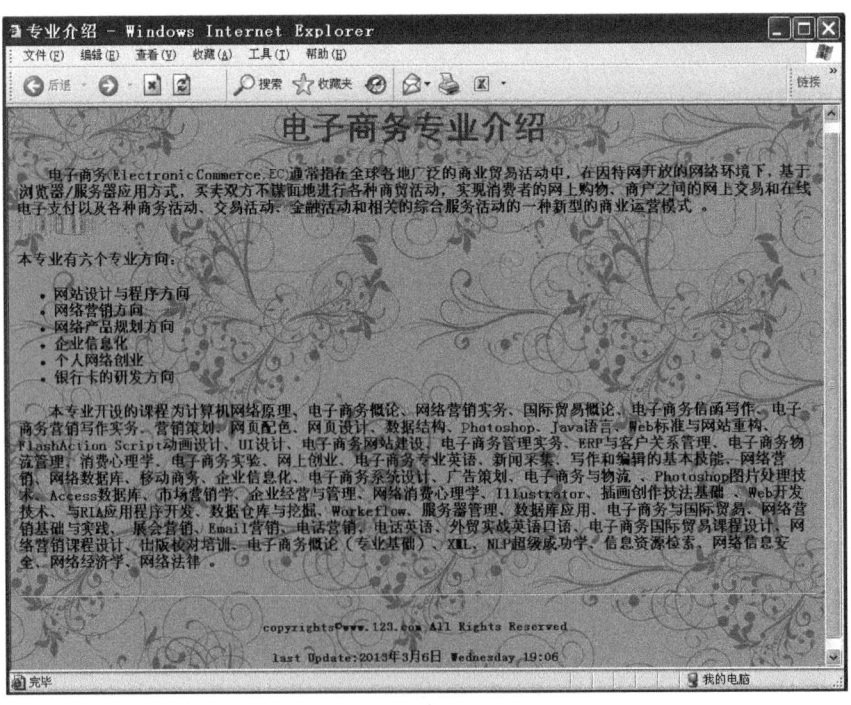

图 3-1　网页效果图

（1）能新建并保存网页文件。

（2）能掌握普通文本的输入方法。

（3）能设置页面背景。

（4）能对网页文本进行格式化操作。

（5）能插入特殊字符、日期、水平线。

（6）能预览网页。

文本是网页中不可或缺的重要元素，也是网页中使用最频繁的元素，文本的内容通常构成了网页的基本内容，所以应该使文本变得充实、美观，这样才能吸引更多的浏览者。本任务要完成的具体工作任务如下：

（1）制作一个网页，主题为"专业介绍"，输入文本并使用多种文本格式化方法设置文本；

（2）插入一些简单元素使页面更加精彩。

步骤一　新建一个网页文件

（1）启动 Dreamweaver CS6，单击菜单栏上的【站点】菜单，从弹出的下拉菜单中选择【新建站点】选项，创建一个本地站点，名称为"电子商务专业"，保存路径为 E：\chapter3。

（2）在站点管理器中，右击根文件夹，在弹出的快捷菜单中选择【新建文件】选项，创建一个网页文档，将其命名为"index. html"。

（3）设置网页标题，在标题栏中输入"专业介绍"，并保存该网页文件。

步骤二　输入文本

将光标移到文档窗口的编辑区域单击，就可以直接在文档中输入文字，这种操作与其他文本编辑器相同。当然，除了直接手工输入文本外，也可以使用复制、粘贴的方式从其他文件中将所需要的文本粘贴到当前的文档中。

提示：在 Dreamweaver 中，无论中文或是英文输入状态，输入多少个空格，软件都按一个空格处理，只有当处于中文输入法全角状态时，才可以输入多个空格。

步骤三　设置文本格式

1）设置文本的字体

选中标题文字，在属性面板中的【字体】下拉列表框中选择合适的字体，本任务中设置为黑体。弹出如图 3-2 所示的对话框，设置选择器类型，输入选择器名称，可根据个人习惯进行命名，如 a1，单击【确定】按钮即可。

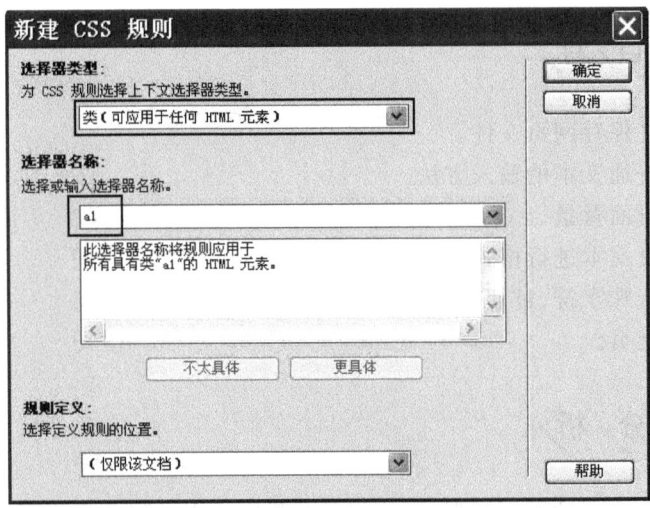

图 3-2　【新建 CSS 规则】对话框

提示：这里涉及 CSS 的运用，详细内容在后面的任务中将会进行细致讲解，这里只要能够定义类名称来设置文本格式即可。

（1）属性面板的显示和隐藏

若属性面板没有显示，可以选择【窗口】→【属性】命令，打开属性面板，再选择一次就将其隐藏了。

（2）文本字体的设置

若在【字体】下拉列表框中没有所需要的字体，可进行如下操作。

① 选择【字体】→【编辑字体列表】选项，如图 3-3 所示。

② 在弹出的如图 3-4 所示的【编辑字体列表】对话框中，从【可用字体】列表中选择所需要的字体，单击 ≪ 按钮，将其添加到【选择的字体】列表中。如果要删除字体组合中的字体，可从【选择的字体】列表中选中待删除的字体，然后单

图 3-3　【字体】下拉列表框

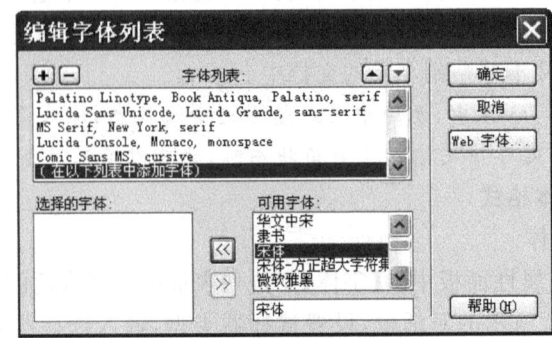

图 3-4　【编辑字体列表】对话框

击 >> 按钮。若要多次添加字体则需每次单击一次【字体列表】中的 ➕ 按钮,反之,多次删除字体就需每次单击一次【字体列表】中的 ➖ 按钮。

③ 单击【确定】按钮,就完成了文本字体的编辑。

提示: 设置完成后的字体可以持续使用。

2)设置文本的大小、颜色

(1)选中标题文字,在属性面板中的【大小】下拉列表框中选择合适的数值,本任务设置为 36。

(2)选中标题文字,单击属性面板中的 ▣ 按钮,出现颜色选择对话框,单击可选中文字颜色,本任务设置为红色。

(3)另外,单击 **B** 按钮可以设置文本加粗,单击 *I* 按钮可以设置文本倾斜,单击 ▤▤▤▤ 按钮中的一个可以设置文本的对齐方式,本任务设置为加粗、居中对齐方式。

3)设置正文文字

用同样的方法设置正文文本的格式。本任务中正文文本设置为宋体、16 号、蓝色、加粗。

步骤四　插入水平线

(1)在正文的最后插入一个空行,将插入点放置在此行的最左端。

(2)选择【插入】→HTML→【水平线】命令,或者选择【插入】面板【常用】分类中的【水平线】选项 ▤▤,即可插入一条水平线。

步骤五　插入特殊字符和日期

在水平线下面制作一个版权信息及最后更新日期。

(1)在水平线后面插入一个空行,在该行中输入文字"copyrights © www.123.com All Rights Reserved"。

其中,版权信息符号"©"的输入方法:将插入点放置在"Copyrights"文字后面,选择【插入】→HTML→【特殊字符】→【版权】选项,即可插入版权符号。

(2)另起一行输入"Last Update:",选择【插入】→【日期】命令,或者选择【插入】面板【常用】分类中的【日期】选项 🗓,在打开的【插入日期】对话框中选择星期格式、日期格式和时间格式,若要日期和时间随系统自动更新,可勾选【储存时自动更新】复选框,如图 3-5 所示。

(3)操作完成后,单击【确定】按钮,即可插入日期和时间。

(4)将最后的版权信息居中显示。

步骤六　设置页面背景

(1)选择【修改】→【页面属性】命令,或单击属性面板上的【页面属性】按钮,即可打开【页面属性】对话框。

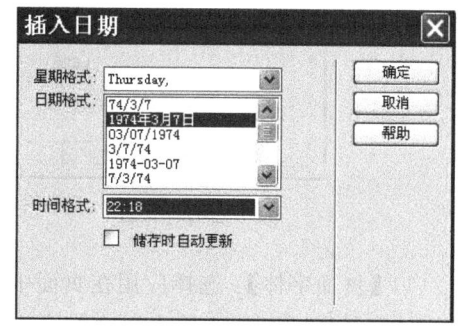

图 3-5 【插入日期】对话框

(2)单击【背景图像】文本框右边的【浏览】按钮,在打开的【选择图像源文件】对话框中选择合适的背景图片。

提示：一般情况下,为了分类管理站点内的文件,总是在站点根文件夹下建立一个名为 images 的文件夹统一存放各种图片文件,而不是直接把图片文件存放到根文件夹内。在以后的项目中,我们将统一采取这种分类管理的方式来存放各类文件。

步骤七　预览文件

保存文件后,单击【在浏览器中预览/调试】按钮 ,选择一种浏览器预览最终效果,或直接按 F12 键预览。

知 识 链 接

(一) 页面属性设置

对于新创建的一个文档或已有的文档,有时需要对页面的属性进行恰当的、必要的修改,这样可以使页面布局、样式有一个新的风格,这一切可在页面属性对话框中进行。需要注意的是页面属性修改的不只是文本元素的属性,还可以修改如背景图像、链接元素等相关的属性。页面属性的设置覆盖整个页面,均在【页面属性】对话框中进行设置。

1. 设置【外观(CSS)】

通过 CSS 样式表设置页面中使用的字体、背景色、文档边距等文档外观,其选项面板如图 3-6 所示。

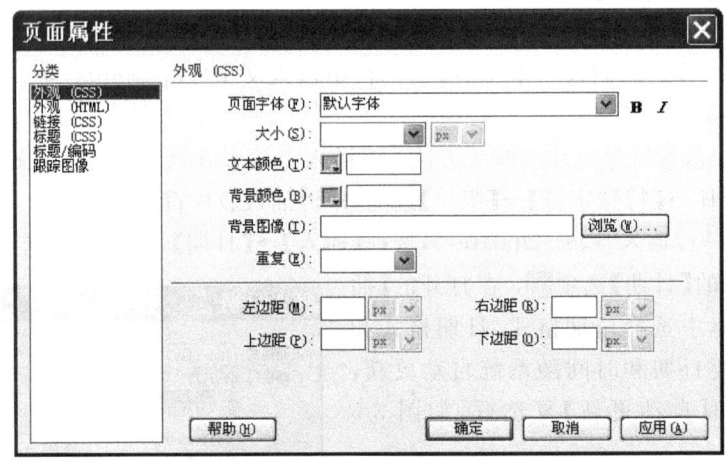

图 3-6　设置【外观(CSS)】参数

(1)【页面字体】：选择应用在页面中的字体,可设置文本的字体、粗体和斜体。选择为"默认字体"选项时,表示为浏览器的基本字体。

(2)【大小】：设置文本的字号。在单位的下拉菜单中有像素、点数、英寸、厘米、毫米、百分比等选项。页面中适当的字体大小为 12 像素或 10 磅。

(3)【文本颜色】：设置一种颜色作为默认状态下的文本颜色。最多可以达到 16777216 种颜色,不过一般在 216 种网页安全色范围内选择颜色。

（4）【背景颜色】：设置页面背景的颜色。

（5）【背景图像】：设置一个图像作为页面的背景图，当背景图像小于文档大小时，则会配合文档大小来重复出现。

（6）【重复】：设置背景图像的重复方式，即当所插入的图像小于页面的大小时，设置以什么样的方式布满整个页面。

（7）【左边距】、【右边距】、【上边距】、【下边距】：分别设置文本与页面左、右、上、下边界的距离。当输入数值后，后面的单位变为可选项，单击后从弹出的菜单中选择单位，提供的有像素、点数、百分比、英寸、厘米、毫米等。

2. 设置【外观（HTML）】

通过 HTML 语言设置外观内容，其选项面板如图 3-7 所示。

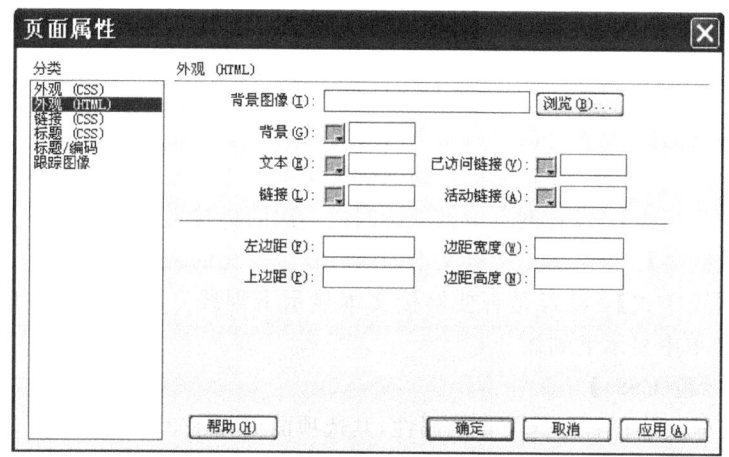

图 3-7　设置【外观（HTML）】参数

（1）【背景图像】：设置文档的背景图像。

（2）【背景】：设置页面背景颜色。

（3）【文本】：设置页面默认的文本颜色。

（4）【链接】：定义链接文本默认状态下的字体颜色。

（5）【已访问链接】：定义访问过的链接文本颜色。

（6）【活动链接】：定义活动链接文本的颜色。

（7）【左边距】、【上边距】：设置页面元素同页面边缘的距离。

（8）【边距宽度】、【边距高度】：针对 Netscape 浏览器设置页面元素同页面边缘的间距。

3. 设置【链接（CSS）】

通过 CSS 样式表设置文档中链接的颜色或是否出现下划线等，其选项面板如图 3-8 所示。

（1）【链接字体】：用来设置链接文本的字体，默认值为与页面中的其他字体相同，还可以设置文本的加粗、倾斜显示。

（2）【大小】：设置超链接文本字体的大小。

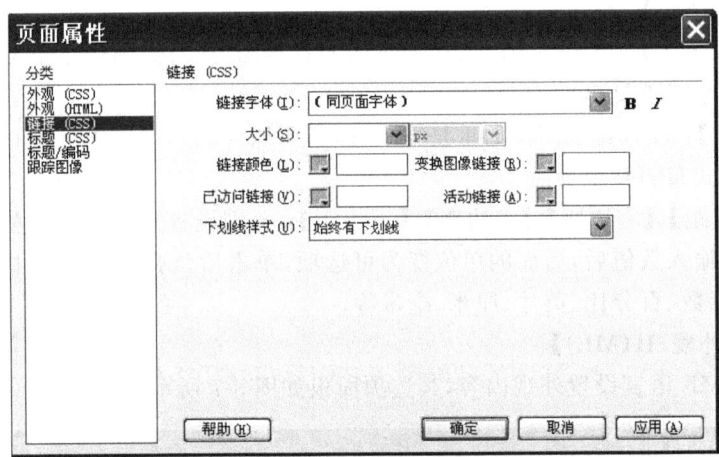

图 3-8　设置【链接(CSS)】参数

（3）【链接颜色】：设置页面中尚未访问的链接文本的颜色。

（4）【变换图像链接】：指定光标移动到链接文本上方时改变的文本颜色。

（5）【已访问链接】：设置网页中已经访问过一次的链接文本的颜色。

（6）【活动链接】：指定单击链接文本的同时发生变化的文本颜色。

（7）【下划线样式】：设置是否使链接文本显示下划线。没有设置下划线样式属性时，默认为在文本中显示下划线。

4. 设置【标题(CSS)】

通过 CSS 样式表设置标题文本的属性，其选项面板如图 3-9 所示。

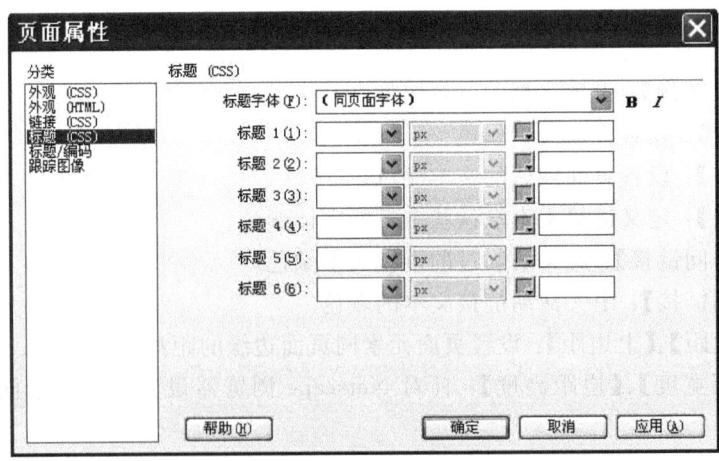

图 3-9　设置【标题(CSS)】参数

（1）【标题字体】：设置标题文字的字体、粗体和斜体。

（2）【标题 1】：设置一级标题字的字号和颜色。

（3）【标题 2】：设置二级标题字的字号和颜色。

（4）【标题 3】：设置三级标题字的字号和颜色。

（5）【标题 4】：设置四级标题字的字号和颜色。

（6）【标题 5】：设置五级标题字的字号和颜色。

（7）【标题 6】：设置六级标题字的字号和颜色。

5. 设置【标题/编码】

设置文档的标题和编码，其选项面板如图 3-10 所示。

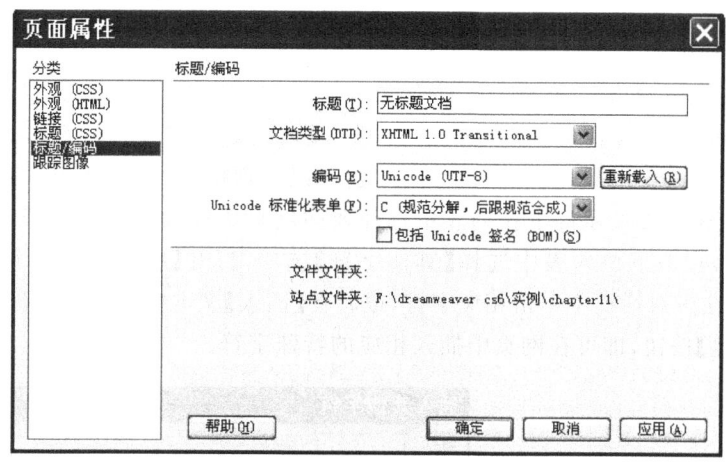

图 3-10 设置【标题/编码】参数

（1）【标题】：设置网页的标题。

（2）【文档类型】：设置页面的 DTD 文档类型。

（3）【编码】：定义页面使用的字符集编码。

（4）【Unicode 标准化表单】：设置表单标准化类型。

（5）【包括 Unicode 签名】：设置表单标准化类型中是否包括 Unicode 签名。

6. 设置【跟踪图像】页面属性

在正式制作网页之前，有时会用绘图工具绘制一幅设计草图，相当于为设计网页打草稿。在 Dreamweaver CS6 中，可以将这种设计草图设置成跟踪图形，铺在编辑的网页下方作为背景，用于引导网页的布局设计。其选项面板如图 3-11 所示。

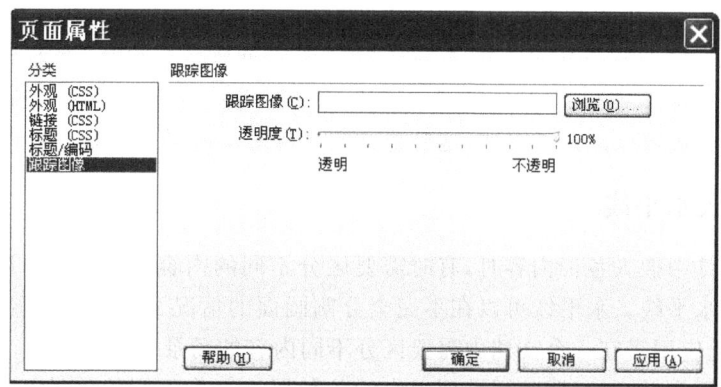

图 3-11 设置【跟踪图像】参数

（1）【跟踪图像】：为当前制作的网页添加跟踪图像，单击【浏览】按钮，在打开的对话框中选择图像源文件。

（2）【透明度】：通过拖动滑块可以设置跟踪图像的透明度，透明度值越高图像显示得越明显。但在最后生成的网页中，指定的跟踪图像并不显示。

（二）输入特殊字符

可以在文档中输入普通文本，也可以插入特定的文本字符，如版权符号、货币符号、注册商标号等。

在文档中插入特殊字符常用的方法是：选择【插入】→HTML→【特殊字符】命令，在【特殊字符】级联菜单中选择要输入的字符。也可以选择【插入】面板【文本】分类中的【字符】选项，从如图 3-12 所示的下拉列表中选择要向网页中插入的特殊字符。如果要插入更多特殊字符，在该下拉列表中选择【其他字符】选项，打开【插入其他字符】对话框，如图 3-13 所示，在该对话框中单击相应字符，或者在【插入】文本框中输入特殊字符的编码，然后单击【确定】按钮，即可在网页中插入相应的特殊字符。

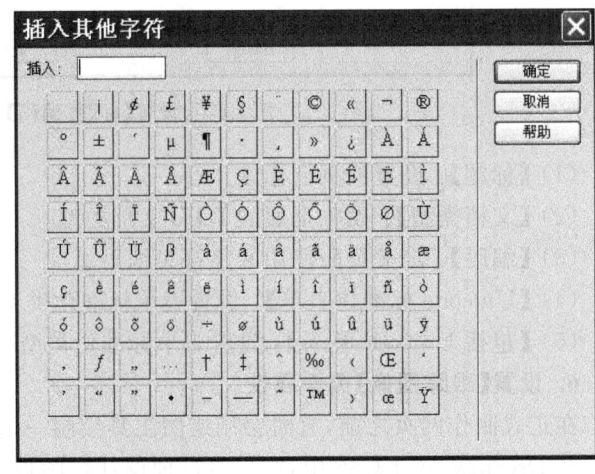

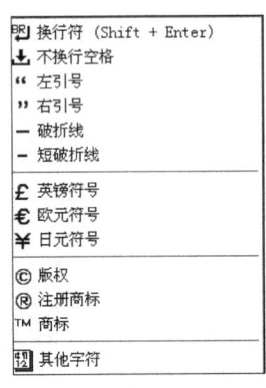

图 3-12　【字符】下拉列表　　　　　图 3-13　【插入其他字符】对话框

提示：即使在文本中使用多种字体，有时候访问者也可能看不到其中的一些字体，这是因为如果在访问者的计算机上没有安装网页中使用的某些字体，这些字体会显示成 Windows 自带的基本字体。因此，为了正确体现这些与网页气氛相融合的字体，有时会将这些字体制作成图像形式。当然，这种情况比只用文本的网页需要更多的载入时间。

（三）插入水平线

在网页文件中插入各种内容时，有时需要区分不同的内容。在这种情况下最简单的方法就是插入水平线。水平线可以在不完全分割画面的情况下，以线为基准区分上下区域，因此被广泛应用于在一个文档中需要区分不同内容的场景中。

在插入水平线后，可以调整属性面板中的各种属性制作不同的效果。其属性面板如图 3-14 所示。

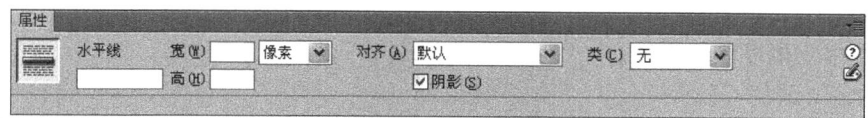

图 3-14   【水平线】属性面板

水平线参数的说明如下。

（1）【水平线】：为了在文档中与其他因素区别，可以指定水平线名称。在这里只能使用英文或数字。

（2）【宽】：指定水平线的宽度。若没有另外指定，则根据当前光标所在的单元格和画面宽度，以 100% 显示。

（3）【高】：指定水平线的高度。指定为 1 的时候，可以制作出很细的水平线。

（4）【对齐】：指定水平线的对齐方式。可以在"默认"、"左对齐"、"居中对齐"和"右对齐"选项中选择。

（5）【阴影】：赋予水平线立体感。

（6）【类】：选择应用在水平线上的样式。

（四）设置文字基本属性

使用 Dreamweaver 的属性面板可以设置文本的大小、颜色和字体等文本属性，并且可以设置 HTML 的基本属性，也可以设置 CSS 文本的扩展属性。

选择文本或在文本所在的位置置入插入点时，打开属性面板，就会显示如图 3-15 所示的文本属性。

图 3-15   HTML 格式文本的属性面板

1.【格式】

在该下拉列表中包含预定义的字体样式。选择的字体样式将应用于插入点所在的整个段落中，因此不需要另外选择文本。

（1）无：不指定任何格式。

（2）段落：将多行文本内容设置为一个段落。选择段落格式后，在选择内容的前后部分分别生成一个空行。

（3）标题 1～标题 6：提供网页文件中的标题格式。数字越大，字号越小。

（4）预格式化：在文档窗口中输入的空格等将如实显示在画面中。

2.【类】

选择文档中使用的样式。如果是与文本相关的样式，可以如实应用字体大小或字体颜色等。

3. B

将文本字体设置为粗体。

4. *I*

将文本字体设置为斜体。

5.【项目列表】、【编号列表】

建立无序列表或有序列表。

6.【删除内缩区块】、【内缩区块】

设置文本以减少右缩进或增加右缩进。

7. 设置文字样式

更多的文字样式在 CSS 格式的属性面板中设置,如图 3-16 所示。

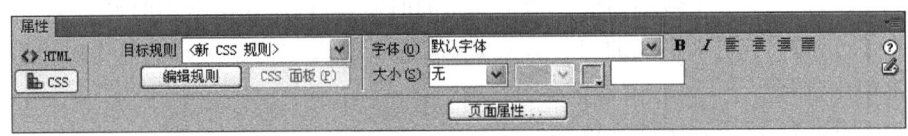

图 3-16　CSS 格式文本的属性面板

(1)【字体】:指定字体。除现有字体外,还可以再添加使用新的字体。

(2)【大小】:指定字体的大小。使用 HTML 标签时,可以指定 1~7 的大小,而默认大小为 3。

(3)【字体颜色】:指定字体颜色。可以利用颜色选择器或吸管,也可以直接输入颜色代码。

(4)【对齐】:指定文本的对齐方式,可以选择左对齐、居中对齐、右对齐、两端对齐等不同方式。

(五) 使用标尺、网格和辅助线

标尺、网格和辅助线是 Dreamweaver 网页排版的三大辅助工具。

1. 标尺

使用标尺,可以更精确地估计所编辑网页的宽度和高度,使网页能符合浏览器的显示要求。

在 Dreamweaver 中,选择【查看】→【标尺】→【显示】命令,标尺即可显示在 Dreamweaver 中的设计视图上。

2. 网格

网格是在 Dreamweaver 的设计视图中对层进行绘制、定位或调整大小的可视化向导。通过对网格的操作,可以使页面元素在被移动后自动靠齐到网格,并通过网格设置更改网格或控制靠齐行为。

在 Dreamweaver 中,选择【查看】→【网格设置】→【显示网格】命令,即可显示出网格。

3. 辅助线

辅助线用于精确定位,从左侧或上侧的标尺上均可以拖曳出辅助线。拖曳辅助线时,光标旁边会即时显示其所在位置距左侧或上侧的距离。

 任务拓展

（一）任务展示

现学校需要做科普知识宣传，其中一项是制作一个页面，介绍计算机网络发展史，本任务要实现的效果如图3-17所示。

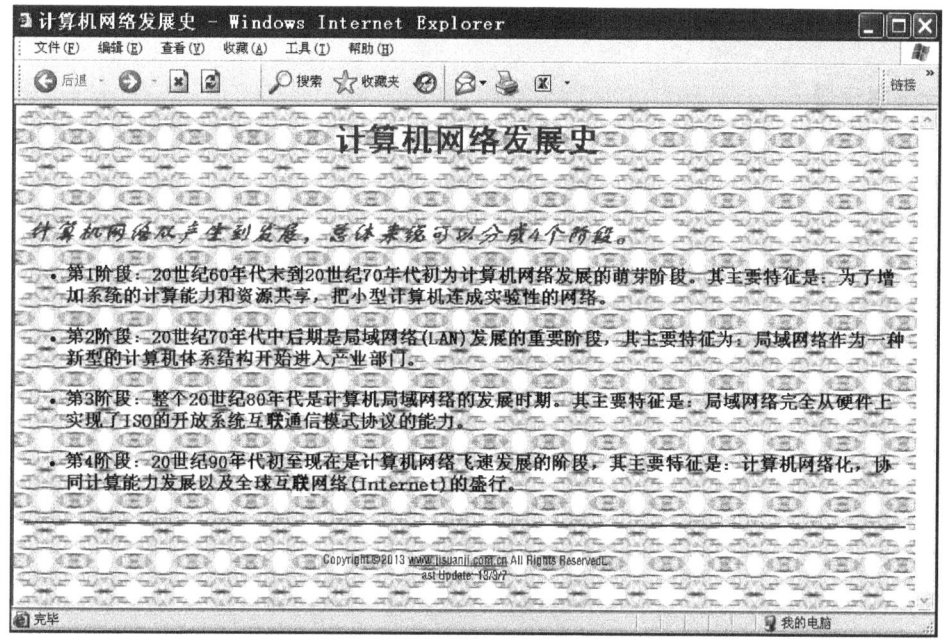

图 3-17 网页效果图

（二）制作要点提示

（1）创建一个本地站点，名称为"计算机专业网"，存储目录为 E:\chapter3\web，新建一个子文件夹 images 来管理素材文件。

（2）新建网页并保存，将其命名为"index.html"。

（3）参考效果图输入文本。

（4）设置标题格式。

（5）设置正文文本格式。

（6）添加版权信息和日期。

（7）设置页面背景图像。

（8）再次保存文件，并预览网页效果。

小　结

　　本任务主要介绍了输入普通文本、特殊字符，插入日期、水平线的方法，详细讲解了文本、页面属性的设置，主要包括字体类型、大小、颜色等的设置，段落的设置。通过本任务的学习，读者应该能熟练编辑网页文本，并且能美化、充实所制作的页面。

练　习

一、填空题

　　1. 在插入日期时，勾选_____复选框，可以实现在每次保存文档时自动更新时间的功能。

　　2. 预览页面效果可以按_____键。

　　3. 文本的对齐方式有_____、_____、_____和_____。

　　4. 在 Dreamweaver CS6 中提供的文本列表方式主要有_____和_____。

　　5. 在字体属性面板中，按钮 $\boxed{B}\boxed{I}\ \boxed{≡}\boxed{≡}$ 的作用分别是 _____、_____、_____、_____和_____。

二、选择题

　　1. 下列（　　）不是文本的对齐方式。

　　　A. 左对齐　　　　　B. 垂直居中　　　　　C. 水平居中　　　　　D. 右对齐

　　2. 文字属性面板中的按钮 $\boxed{≡}$ 的意义是产生（　　）。

　　　A. 内缩区块　　　　B. 文本缩进　　　　　C. 删除内缩区块　　　D. 文本凸出

　　3. 如果要在网页中输入有序列表，则可以单击文本属性面板中的（　　）按钮。

　　　A. $\boxed{≡}$　　　　　　B. $\boxed{≡}$　　　　　　C. $\boxed{≡}$　　　　　　D. $\boxed{≡}$

上机操作

　　建立一个以"我的站点"为名的站点，并且在这个站点下创建一个"个人自传"网页，输入个人相关资料，并进行编辑，包括文本的格式化编辑、背景的设置等。

任务4

在网页中使用图像

一个成功的网页离不开图像。图像的恰当使用会使网页生动多彩,极大地吸引浏览者的眼球,也能使表达的意思一目了然,更加直观地说明问题。因此,在网页设计中,一定要学会灵活地运用图像。

 任 务 描 述

现园林局要重点打造趵突泉作为旅游景点,让广大外地游客认识、了解这个具有悠久历史文化的景区,从而吸引更多的游客。结合本工作任务的特点,加入文字、图像使页面效果丰富多彩,本任务要完成的网页效果图如图 4-1 所示。

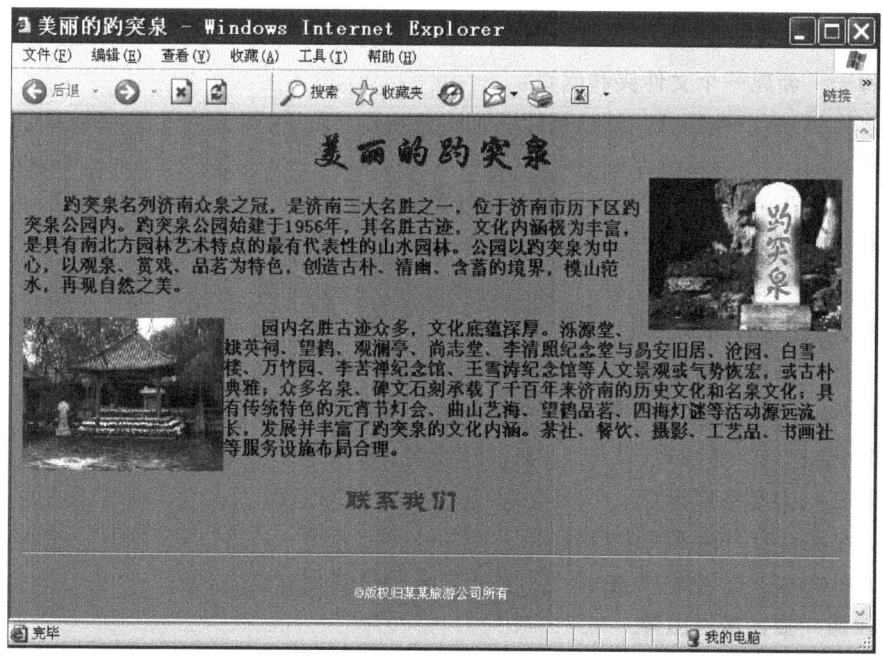

图 4-1　网页效果图

（1）能正确插入普通图像。

（2）能合理设置图像属性。

（3）能正确插入鼠标经过图像。

（4）认识常用的图像文件类型。

图像作为网页中最重要的元素之一，增强了网页视觉效果，同时加深了用户对网站风格的印象，那么如何恰到好处地运用图像，淋漓尽致地发挥其功效，却又不喧宾夺主呢？要完成的具体工作任务如下：

（1）制作一个网页，主题为"美丽的趵突泉"；

（2）设置页面背景，使效果更加完美；

（3）输入文字，进行适当的设置；

（4）插入普通图像，合理设置以美化页面；

（5）插入其他图像元素来修饰页面。

步骤一　新建一个文件夹和网页

（1）启动 Dreamweaver CS6，创建一个本地站点名称为"景点介绍"，存储目录为 E:\chapter4。

（2）在站点根文件夹下建立一个子文件夹 images，用来管理图像素材（把要用的图像文件均复制到这个文件夹下）。

（3）新建一个 HTML 文件，在标题栏中设置网页标题为"美丽的趵突泉"，并保存该网页文件，将其命名为"index.html"。

步骤二　设置页面背景

选择【修改】→【页面属性】命令，或单击属性面板上的【页面属性】按钮，即可打开【页面属性】对话框，选中【外观（HTML）】选项，设置背景颜色。

步骤三　文本格式化

（1）在编辑窗口输入文本内容。

（2）对文本进行字体、大小、颜色、对齐方式等格式化设置。

步骤四　插入普通图像

在合适的位置找到一个插入点，选择【插入】→【图像】命令，或者在【插入】面板【常用】分类中的【图像】下拉列表中选择【图像】选项，在打开的如图 4-2 所示的【选择图像源文件】对话框中，选择要插入的图像文件，单击【确定】按钮即可。

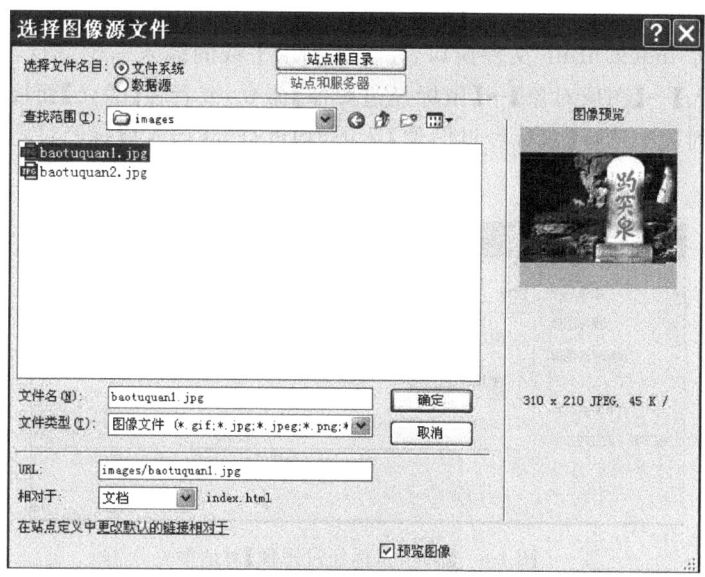

图4-2　【选择图像源文件】对话框

若图像原位置不在站点内,则会提示把其复制到站点内,如图4-3所示,单击【是】按钮,此时,打开【复制文件为】对话框,如图4-4所示,选择站点内的 images 文件夹,单击【保存】按钮,就把该图像文件复制到站点内的 images 文件下。

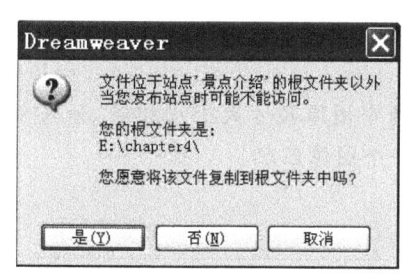

图4-3　提示对话框

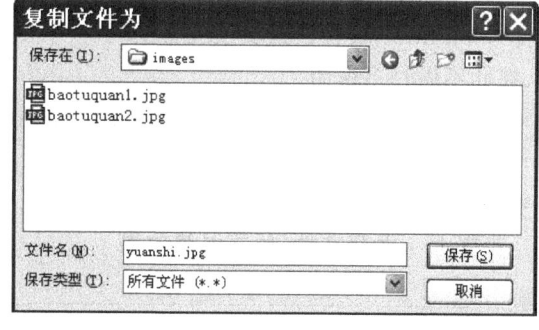

图4-4　【复制文件为】对话框

步骤五　设置图像属性

(1) 设置图像大小:选中图像,拖动尺寸柄即可改变图像大小。

(2) 移动图像:用鼠标拖动图像,可以改变图像位置。

(3) 设置图像信息:在图像属性面板的【替换】文本框中,可以输入相关图像的解释说明等文字信息,本任务中输入"历史悠久的景点"。这样设置后,若客户机浏览器不能正常显示该图片,可以用替换信息中的文字来代替,避免图片所在的位置出现空白,这样可以增加网页的友好性。

步骤六　插入鼠标经过图像

(1) 再创建一个 HTML 文件,作为链接使用,本任务中保存为"link. html"。在这个空白文档中,输入文字"网站正在建设中……"。

　　(2) 切换到"index. html"文件窗口,在正文和水平线间插入一个空行,将插入点放在此行,选择【插入】→【图像对象】→【鼠标经过图像】命令,或者在【插入】面板【常用】分类中的【图像】下拉列表中选择【鼠标经过图像】选项,均可打开【插入鼠标经过图像】对话框,如图 4-5 所示。

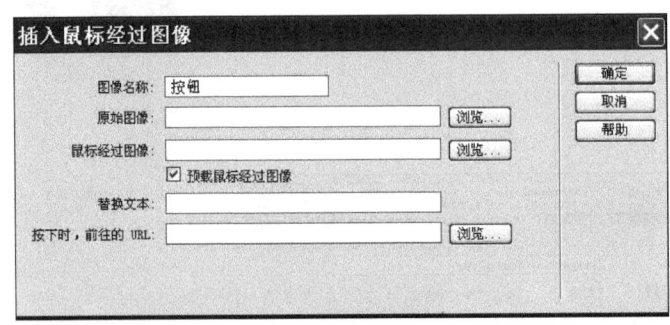

图 4-5　【插入鼠标经过图像】对话框

　　(3) 在【图像名称】文本框中输入任意名称,本任务中命名为"按钮"。

　　(4) 单击【原始图像】文本框后的【浏览】按钮,选择一张图像,作为初始显示的图像。

　　(5) 单击【鼠标经过图像】文本框后的【浏览】按钮,再选择一张图像,当鼠标经过原始图像时,原始图像就变换成该图像。

　　(6) 单击【按下时,前往的 URL】文本框后的【浏览】按钮,选择链接的页面,本任务中选择"link. html"文件。这其实是制作了一个图像式超链接。我们还会在后面讲述超链接,在此不做过多说明。

　　(7) 单击【确定】按钮,完成操作。

　　提示:"原始图像"和"鼠标经过图像"所设置的两个图像尺寸大小应相等,如果大小不等,系统将自动调整第二个图像的大小,使其与第一个图像匹配。

　　步骤七　保存文件,预览最终效果

(一) 网页中的颜色

　　图像与颜色是不可分离的,因此学好关于色彩方面的知识是很必要的。网页以 RGB表示颜色,我们所看到的成千上万的颜色都是由红、绿、蓝 3 种颜色调和而成的。这 3 种颜色中每一种颜色的饱和度和透明度都是可以变化的,用 0~255 的数值表示,用排列组合的方法计算,256×256×256＝16777216(种),但经常用到的是 216 种,因为超出这个范围的颜色,浏览器就不能正常显示了,所以我们将所有浏览器均能正常显示的 216 种颜色称为网页安全颜色范围。

（二）网页中的图像格式

网页中常用的图像格式有 GIF、JPEG、PNG，前两种最为常用。

1. GIF 格式

GIF 格式英文全称为"Graphic Interchange Format"，中文意思是"可交换的图像格式"。它在绝大多数浏览器中都能正常显示。由于其压缩率高，所以文件占用空间小；可以在网页上以透明的方式显示；可以包含动态信息，也就是我们所看到的 GIF 动画；可以对文件交叉下载，所以在下载过程中便可呈现图像的内容。在网页中，GIF 文件主要作为网站徽标、广告条、导航条、按钮等，但是它不适合于显示颜色细腻的图像。

2. JPG/JPEG 格式

JPG/JPEG 格式英文全称为"Joint Photographic Experts Group"，中文意思是"联合图像专家组文件格式"。该格式比 GIF 格式使用更多的颜色，适合体现照片图像，用于显示颜色丰富、细腻的图像。这种格式适合保存用数码相机拍摄的照片、扫描的照片或是多种颜色的图片等。由于其支持很高的压缩率，所以下载速度非常快。但是，由于它是有损压缩，所以不适合表达高清晰度的图像。

3. PNG 格式

PNG 格式英文全称为"Portable Network Graphics"，中文意思是"移植的网络图像文件格式"。由于它的文件数据量小，又是一种无损压缩，所以适合在网络上传播。JPG 格式在保存时由于压缩会损失一些图像信息，但用 PNG 格式保存的文件与原图像几乎相同。

提示：图像的使用受到网络传输速度的限制，为了减少下载时间，一个页面中的图像文件大小最好不要超过 100KB。但随着宽带技术的发展，网络传输速度不断提高，这种限制会越来越小。

（三）图像属性参数

使用 Dreamweaver 在文档中插入图像后，图像大小、源文件等各种属性设置都可以通过属性面板实现。掌握图像属性面板的各项内容，有利于制作出更加丰富的文档。在插入或选择图像时，在文档窗口下方将会出现相应的图像属性面板，如图 4-6 所示。

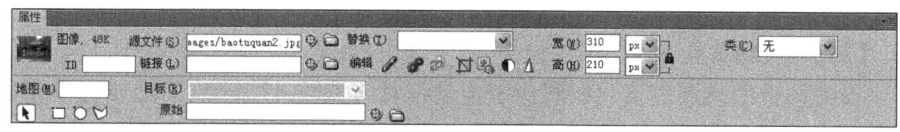

图 4-6   【图像】属性面板

1.【源文件】文本框

用来显示图像的具体路径和名称。也可以通过单击旁边的【浏览文件】按钮选择新图像。

2.【替换】文本框

用来注释图像，浏览网页时，若浏览者的浏览器不能正常显示图像，便在图像的位置显示这个注释代替图像;若能正常显示图像,当浏览者的鼠标指针滑过图像时,鼠标旁边就会显示替换文字。

3.【宽】和【高】文本框

用来精确设置图像的宽度和高度,默认单位为像素。

4. ID 文本框

插入图像时可以不输入图像名称。但在图像中应用动态 HTML 效果或利用脚本时,应该输入英文表示图像名称,不可以使用特殊字符,而且在输入内容中不能有空格。

5.【链接】文本框

用来设置图像的链接。在链接文本框中可以直接输入链接路径,也可以单击旁边的【浏览文件】按钮选择链接文件。

6.【编辑】工具

在 Dreamweaver CS6 文档窗口中可以进行裁剪、亮度/对比度、锐化等简单的编辑操作。此外,也可以对图像优化,还可以连接外部图像编辑软件直接编辑图像。利用各个按钮工具在 Dreamweaver CS6 的文档窗口中简单编辑图像,修改后的图像能自动保存。

(1)编辑:在【首选参数】对话框中利用设置的外部图像编辑工具来编辑图像。

(2)编辑图像设置:在【图像优化】窗口中选择优化图像的格式。

(3)从源文件更新:如果 Photoshop 源文件发生变动,则自动更新图像,仅适合于页面中的 Photoshop 智能对象。

(4)裁剪:选择图像中的所需区域,并删除图片中不需要的部分。

(5)重新取样:图像修改后,重新采样图像信息。

(6)亮度和对比度:调节图像的亮度和对比度。

(7)锐化:使图像更加鲜明。

7.【类】下拉列表框

选择用户定义的类形式应用到图像中。

8.【地图】文本框

用于制作映射图。

9.【目标】下拉列表框

在图像中应用链接时,来指定链接文档显示的位置,当图像没有链接到其他文件时,此选项不可用。

10.【热点链接】工具

用来设置图像的热点链接。在图像上拖动鼠标,创建一个矩形、圆形或者不规则多边形的热点。

11.【原始】文本框

图像过大时需要很长的读取时间。在这种情况下,在全部读取原图像之前,临时指定出现在浏览器中的低分辨率图像文件。

(四)调整图像

(1)调整大小:当选中图像时,图像周围将出现 3 个控制点,当鼠标移到控制点时,可以根据箭头方向拖动改变图像的大小。但在改变大小时容易造成拖动的宽度和高度比例不等而失真,可以按住 Shift 键,再拖动鼠标,进行"锁定比例"的放缩。

（2）优化图像:选中要优化设置的图像,单击属性面板上的【编辑图像设置】按钮，在弹出的如图 4-7 所示的【图像优化】对话框中进行设置,完成后单击【确定】按钮。

（3）裁剪图像:选中要裁剪的图像,单击属性面板上的【裁剪】按钮，在弹出的如图 4-8 所示的警告对话框中,单击【确定】按钮就可以通过裁剪控制点进行裁切,按 Enter 键确认即可完成。

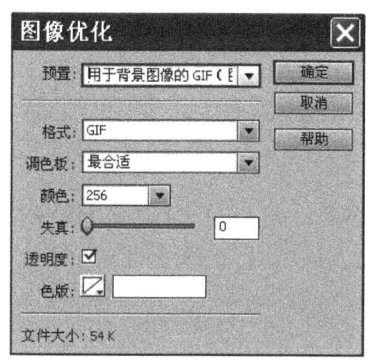

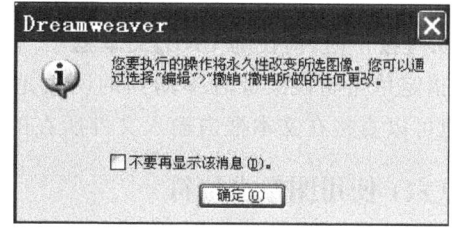

图 4-7　【图像优化】对话框　　　　　　　　　　图 4-8　警告对话框

（4）调整亮度和对比度:选中要调整的图像,单击属性面板上的【亮度/对比度】按钮，在弹出的如图 4-8 所示的对话框中单击【确定】按钮,在打开的如图 4-9 所示的对话框中,分别拖曳滑块调整,完成后单击【确定】按钮。

（5）锐化图像:选中要调整的图像,单击属性面板上的【锐化】按钮，在弹出的如图 4-8 所示的对话框中单击【确定】按钮,在打开的如图 4-10 所示的对话框中,分别拖曳滑块调整,完成后单击【确定】按钮。

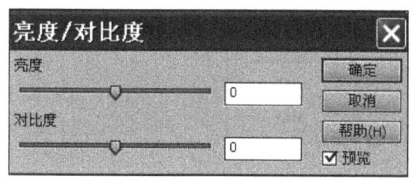

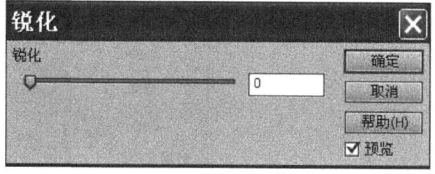

图 4-9　【亮度/对比度】对话框　　　　　　　　图 4-10　【锐化】对话框

（五）设置鼠标经过图像

鼠标经过图像是一种在浏览器中显示的效果,当鼠标指针经过图像时,它将变化为另外一种效果图像。若要制作鼠标经过图像,首先要准备两张大小相同的图像,第一张图像是网页文件中显示的原图像,另一张是当鼠标经过第一张图像时显示的替换图像。

在打开的如图 4-5 所示的【插入鼠标经过图像】对话框中,各参数选项的功能如下。

1.【图像名称】文本框

指定图像名称,在不是利用 JavaScript 等控制图像的情况下,可使用 Dreamweaver

自动赋予的图像名称。

2.【原始图像】文本框

用来设置首次载入页面时显示的图像,即为主图像。可以单击【浏览】按钮选择图像文件,也可以直接在文本框内输入图像文件所在的路径。

3.【鼠标经过图像】文本框

用来设置鼠标指针移过主图像时将变化显示的图像,即为次图像。

4.【预载鼠标经过图像】复选框

选择该复选框,可以将图像文件预先载入到浏览器的缓存中,便于用户将鼠标指针滑过图像时不发生延迟。

5.【替换文本】文本框

指定光标移动到图像上方时显示的文本。

6.【按下时,前往的 URL】文本框

指定单击轮换图像时移动到的网页地址或文件名称。可以单击【浏览】按钮选择文件,也可以直接在文本框内输入文件所在的路径,不输入该项时,系统会自动输入♯。

（六）使用图像占位符

图像占位符是网页布局中经常用到的工具。是在设计好页面后又不能确定插入什么样的具体图像时,在图像的位置上使用图像占位符,可以避免由于没有图像而导致无法正常设计的问题。图像占位符与图像的属性基本相同。图像占位符毕竟不是在浏览器中显示的图像,所以在网页发布前,应该找到合适的图像替换图像占位符。

将插入点移动到插入图像的位置,选择【插入】→【图像对象】→【图像占位符】命令,或者在【插入】面板【常用】分类中的【图像】下拉列表中选择【图像占位符】选项,均可打开【图像占位符】对话框,如图 4-11 所示。

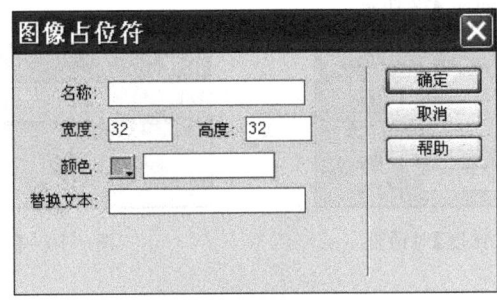

图 4-11　【图像占位符】对话框

（1）【名称】选项:用来输入要插入图片的名称。

（2）【宽度】和【高度】选项:用来输入数字设置图像占位符的大小,是要插入的图片的宽度和高度值。

（3）【颜色】选项:用来设置图像占位符的显示颜色。

（4）【替换文本】选项:用来输入图片的替代文字。

（一）任务展示

某时装公司要进行新款的时装发布会，需要在网络上做广告宣传，本任务要实现的效果如图 4-12 所示。

图 4-12　网页效果图

（二）制作要点提示

（1）创建一个本地站点名称为"时装秀"，存储目录为 E:\chapter4\web，并且新建一个子文件夹 images 来管理素材文件。

（2）新建一个网页，设置网页标题为"时装发布会"，参考效果图，设置网页背景为图片，保存网页文件，将其命名为"index.html"。

（3）参考效果图输入文本，并格式化设置文本。

（4）参考效果图插入相应图片。

第一幅图片直接插入。

第二幅图片需要调整亮度/对比度。

第三幅图片需要调整宽度、高度值。

第四幅图片需要裁剪大小。

第五幅图片需要锐化处理。

（5）"微笑服务"图片能够转换，为插入的"鼠标经过图像"效果。

（6）输入版权信息，插入水平线、日期。

（7）保存文件，预览最终效果。

小　　结

本任务主要介绍了网页图像的基本格式，为正确运用图像以及后面的图像处理打下了基础，并且重点讲述了如何正确插入图像、编辑图像以及其他图像元素的使用。通过本任务的学习，读者应该熟练掌握在页面上正确插入图像、插入鼠标经过图像的方法；应学会如何灵活地进行图像的属性设置以达到最佳的效果。

练　　习

一、填空题

1. 在网页中经常使用的图像格式有_____、_____和_____ 3种。

2. 在调整图像大小时，如果按比例缩放图像的宽度和高度应配合_____键拖动鼠标。

3. 网页安全颜色有_____种。

4. 如果要设置图像的顶端与当前行中最高项的顶端对齐，应该选择的对齐方式为_____。

5. 图像的_____属性，是用来注释图像的。

6. 图像热点链接工具主要有_____、_____和_____ 3种。

二、选择题

1. （　　）格式是常用的动画格式。

    A. BMP　　　　　　B. GIF　　　　　　C. JPG　　　　　　D. PNG

2. 在插入面板中，单击（　　）按钮可以插入图片。

    A. ▦　　　　　　B. ▓　　　　　　C. ▣　　　　　　D. ▢

3. （　　）格式不是Web上常用的图像格式。

    A. BMP　　　　　　B. GIF　　　　　　C. JPG　　　　　　D. PNG

上 机 操 作

对前面制作的"个人自传"网页进行美化编辑：在标题旁边插入一幅装饰图片，加以注释，设置合适的对齐方式；在正文和版权信息之间插入一幅分隔线条图片，用鼠标经过图像制作其变换颜色的效果。

任务5

编辑多媒体页面

网络技术的发展、浏览者要求的不断提高,给网站建设带来了新的问题。就是如何使自己的网站更加吸引人,能够做到使人赏心悦目、回味无穷。为了满足浏览者的需求,在讲究内容深度的基础之上,网站应添加更多的独具特色的要素。此时添加多媒体内容成了不可忽视的要素,那么如何制作一个多媒体页面呢?

 任 务 描 述

某商场已经经营 10 周年了,为了回馈新老客户,特推出很多活动,需要制作广告网页进行发布,让更多的客户了解。结合活动要求,以文字说明为主,配合动画素材更加生动地进行说明,本任务要完成的网页效果如图 5-1 所示。

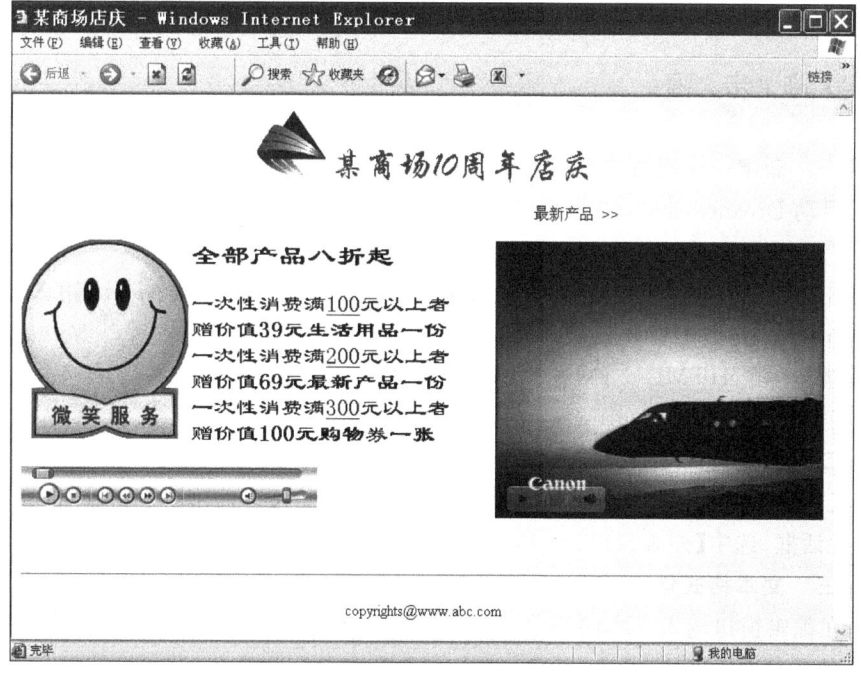

图 5-1　网页效果图

 任 务 目 标

（1）能正确插入 Flash 动画。

（2）能学会 Flash 电影的插入。

（3）能正确添加普通音、视频。

（4）能合理设置插入的媒体属性。

 任 务 分 析

作为一个优秀网站，必备条件就是能给人留下深刻的印象，如何做到这一点呢？首先是使页面不但图文并茂，还要给浏览者以多方面的冲击。要充分调动浏览者的积极性，给人一种身临其境的感觉，这就需要使用多种媒体对象刺激浏览者的感官，如声音、Flash动画、影片等。

本项目中要完成的具体工作任务如下：

（1）制作一个网页，主题为"商场店庆"；

（2）设置背景图片；

（3）输入文字，进行适当的格式化设置；

（4）插入 Flash 动画，设置对齐方式，放置在合适位置；

（5）插入视频文件，设置合理位置；

（6）插入音频文件，设置合理位置。

 实 施 步 骤

步骤一   新建一个网页文件

（1）启动 Dreamweaver CS6，创建一个本地站点名称为"商场店庆"，存储目录为 E:\chapter5。

（2）在站点文件夹下建立 2 个子文件夹 images、flash、music 和 video，用来存放图像素材、flash 动画、音频素材和视频素材。

（3）新建一个 HTML 文件，在标题栏中设置网页标题为"某商场店庆"，并保存该网页文件，将其命名为"index.html"。

步骤二   设置页面背景

选择【修改】→【页面属性】命令，或单击属性面板上的【页面属性】按钮，即可打开【页面属性】对话框，选中【外观（HTML）】选项，设置背景图像。

步骤三   文本格式化

（1）在编辑窗口输入文本内容。

（2）对文本进行字体、大小、颜色、对齐方式等格式化设置。

步骤四　插入图片

在标题文字行,插入一幅如效果图所示的图片,调整其到合适的位置。

步骤五　插入 Flash 动画

(1) 在合适的位置找到一个插入点,选择【插入】→【媒体】→SWF 命令,或者在【插入】面板【常用】分类中的【媒体】下拉列表中选择 SWF 选项,即可打开如图 5-2 所示的【选择 SWF】对话框。

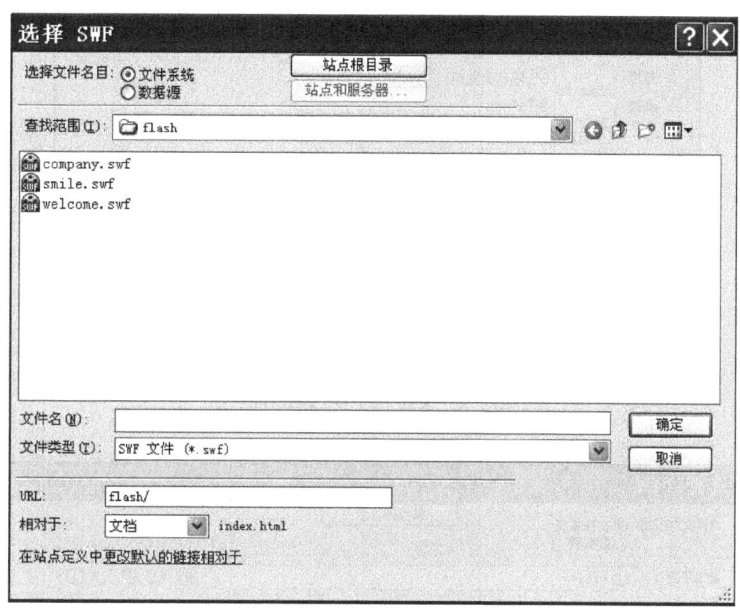

图 5-2　【选择 SWF】对话框

(2) 在弹出的【选择 SWF】对话框中,选择相应的 Flash 文件,单击【确定】按钮完成插入操作。

(3) 在属性面板中的【对齐】选项里选择一种对齐方式,本任务中选择【左对齐】方式。

步骤六　插入 Flash 视频

(1) 在合适的位置找到一个插入点,选择【插入】→【媒体】→FLV 命令,或者在【插入】面板【常用】分类中的【媒体】下拉列表中选择 FLV 选项,即可打开如图 5-3 所示的【插入 FLV】对话框。

(2) 单击 URL 选项后的【浏览】按钮,将打开如图 5-4 所示的【选择 FLV】对话框,从中选择相应的 Flash 文件,单击【确定】按钮完成操作。

(3) 单击【检测大小】按钮,用该视频的原始宽度和高度。

(4) 单击【确定】按钮完成插入操作。

步骤七　插入普通音视频

(1) 在合适的位置找到一个插入点,选择【插入】→【媒体】→【插件】命令,或者在【插入】面板【常用】分类中的【媒体】下拉列表中选择【插件】选项,即可打开如图 5-5 所示的【选择文件】对话框。

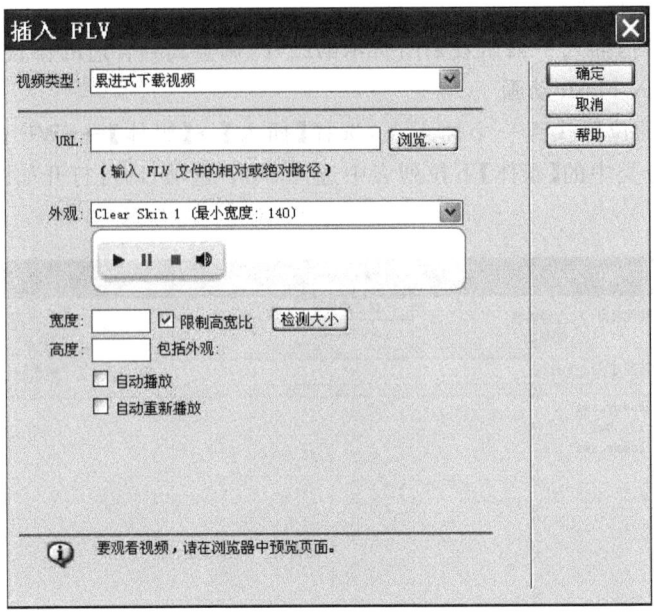

图 5-3   【插入 FLV】对话框

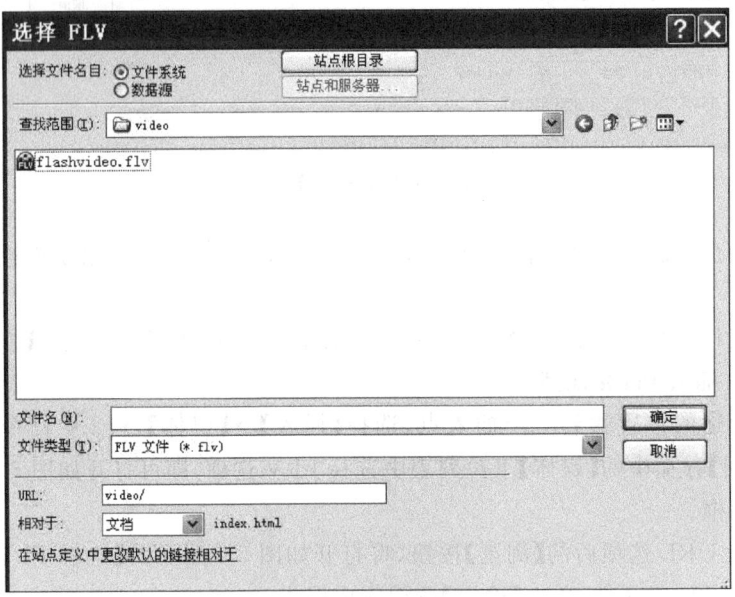

图 5-4   【选择 FLV】对话框

（2）在弹出的【选择文件】对话框中选择相应文件插入，这里选择了一个音频文件，单击【确定】按钮完成插入操作。保存文件，预览最终效果。

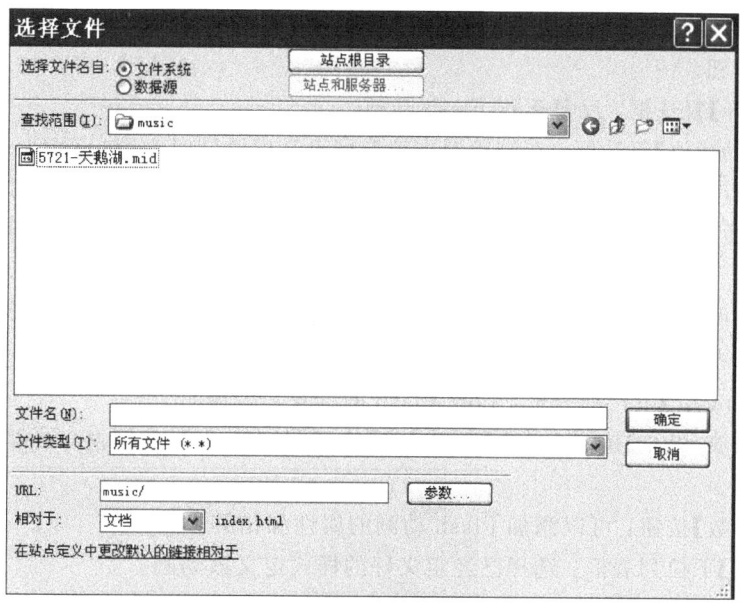

图 5-5　【选择文件】对话框

(一) 插入 Flash 动画

选择【插入】→【媒体】→SWF 命令,或者在【插入】面板【常用】分类中的【媒体】下拉列表中选择 SWF 选项,打开【选择 SWF】对话框,选择相应文件,单击【确定】按钮即可。其属性面板如图 5-6 所示,具体各项参数含义如下。

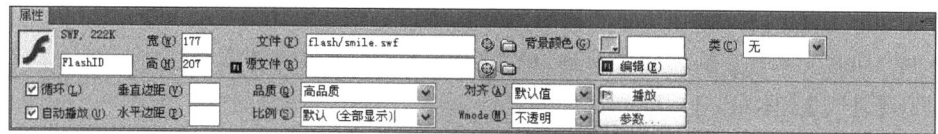

图 5-6　Flash 动画属性面板

(1)【宽】和【高】文本框:指定 Flash 动画的宽度和高度。没有输入单位时,自动选择像素(Pixel)为单位。若想使用 in、mm 或 cm 等为单位,需要在数字后面输入单位。

(2)【文件】文本框:指定 Flash 动画文件的路径。可以通过单击【浏览】按钮选择文件。

(3)【源文件】文本框:如果安装了 Flash 软件,就输入该软件的路径。输入软件路径后,单击【编辑】按钮,会自动运行 Flash 软件。

(4)【背景颜色】:指定 Flash 动画的背景颜色。当 Flash 动画较大时,在网页文件读取 Flash 动画的过程中,动画所在的位置显示为白色。因此,Flash 动画的背景颜色最好与文本的背景颜色相同。

（5）【编辑】按钮：可以运行 Flash 软件编辑 Flash 动画。如果没有安装 Flash 软件，不能激活该按钮。

（6）【循环】复选框：反复运行 Flash 动画。

（7）【自动播放】复选框：在浏览器中读取网页文件的同时立即运行 Flash 动画。

（8）【垂直边距】、【水平边距】文本框：指定 Flash 动画的上、下、左、右的空白。

（9）【品质】下拉列表框：设置使用＜object＞标签或＜embed＞标签插入动画时的品质。

（10）【比例】下拉列表框：在设置的动画区域上，选择 Flash 动画的显示方式。

（11）【对齐】下拉列表框：选择 Flash 动画的放置位置。

（12）【Wmode】下拉列表框：设置 Flash 的背景是否透明。

（13）【播放/停止】按钮：单击【播放】或【停止】按钮，会在文档窗口中播放或停止播放 Flash 动画。

（14）【参数】按钮：可以添加 Flash 动画的属性和相关参数。

（15）【类】下拉列表框：选择已经定义好的样式定义该动画。

提示：如果要顺利观看 Flash 动画，则需要安装 Adobe Flash Player 播放器，这可以从 Adobe 的官方网站中下载。

（二）插入 Flash 视频

Flash 视频并不是 Flash 动画，它的出现正是为了解决 Flash 以前对于连续视频只能使用 JPEG 图像进行帧内压缩，且压缩效率低，文件很大，不适合视频存储的弊端。Flash 视频采用帧间压缩方法，可以有效地缩小文件大小，并保证视频质量。

选择【插入】→【媒体】→FLV 命令，或者在【插入】面板【常用】分类中的【媒体】下拉列表中选择 FLV 选项，打开【插入 FLV】对话框，如图 5-3 所示。

其中，【视频类型】下拉列表框提供了选择视频的类型。如果选择【累进式下载视频】选项，可以设置的内容如下。

（1）URL 文本框：输入文件地址，单击【浏览】按钮可以浏览文件。

（2）【外观】文本框：选择一种外观。

（3）【宽度】、【高度】文本框：设置 Flash 视频的大小

（4）【限制宽高比】复选框：保持 Flash 视频宽度与高度的比例。

（5）【检测大小】按钮：检测 Flash 视频的大小。

（6）【自动播放】复选框：在浏览器中读取 Flash 视频文件的同时立即运行 Flash 视频。

（7）【自动重新播放】复选框：在浏览器中运行 Flash 视频后自动重放。

如果在【视频类型】下拉列表框中选择【流视频】选项，则进入流媒体设置界面。Flash 视频是一种流媒体格式，它可以使用 HTTP 服务器或者专门的 Flash Communication Server 流服务器进行流式传送，如图 5-7 所示，可以设置的内容如下。

（1）【服务器 URI】文本框：输入流媒体文件的地址。

（2）【流名称】文本框：定义流媒体文件的名称。

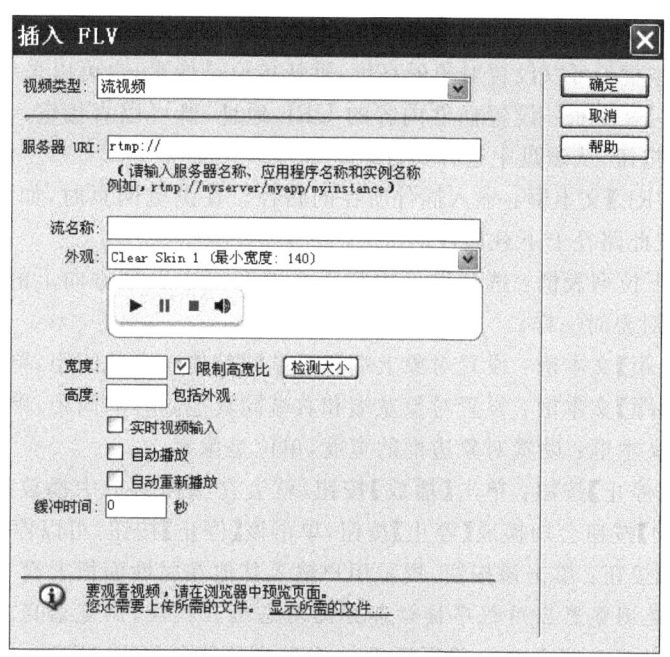

图 5-7 "流视频"设置

（3）【实时视频输入】复选框：流媒体文件的实时输入。

（4）【缓冲时间】文本框：设置流媒体文件的缓冲时间，以秒为单位。

（三）插入普通音视频

网络中最常遇到的音视频莫过于在线音乐和电影预告片。在网页中插入音视频文件或单击链接，就可以运行 Windows Media 或 RealPlayer 等播放软件收听、收看音视频。

Dreamweaver CS6 用一般的插件对象将音视频嵌到网页中。该对象只需要音视频文件的源文件名以及对象的宽度和高度。

选择【插入】下拉菜单下的【媒体】级联菜单中的【插件】命令，或者在【插入】面板【常用】分类中的【媒体】下拉列表中选择【插件】选项，打开【选择文件】对话框，选择相应文件，单击【确定】按钮后，Dreamweaver CS6 将"插件"显示为一个通用的占位符。其属性面板如图 5-8 所示，具体各项参数含义如下。

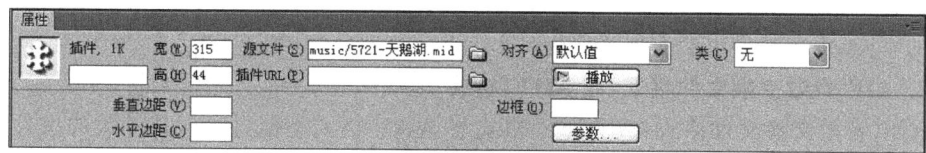

图 5-8 【插件】属性面板

（1）【插件】文本框：可以输入用于播放媒体对象的插件名称，使该名称可以被脚本引用。

（2）【宽】文本框：可以设置对象的宽度，默认单位是像素，也可以采用其他单位如

pc、pt、in、mm、cm 或％。

（3）【高】文本框：可以设置对象的高度，默认单位是像素，也可以采用其他单位。

（4）【源文件】文本框：设置插件内容的 URL 地址，既可以直接输入地址，也可以单击右侧的文件夹按钮，从磁盘中选择文件。

（5）【插件 URL】文本框：输入插件所在的路径。在浏览网页时，如果浏览器中没有安装该插件，则从此路径上下载插件。

（6）【对齐】下拉列表框：选择插件内容在文档窗口中水平方向上的对齐方式，可用选项同处理图像对象时一样。

（7）【垂直边距】文本框：设置对象上端和下端同其他内容的间距，单位是像素。

（8）【水平边距】文本框：设置对象左端和右端同其他内容的间距，单位是像素。

（9）【边框】文本框：设置对象边框的宽度，单位是像素。

（10）【播放/停止】按钮：单击【播放】按钮，就会在文档窗口中播放插件。在播放插件的过程中【播放】按钮会切换成【停止】按钮，单击该【停止】按钮，可以停止插件的播放。

（11）【参数】按钮：单击该按钮，提示用户输入其他在属性面板上没有出现的参数。

提示：插件是浏览器应用程序接口部分的动态编程模块，浏览器通过插件允许第三方开发者将他们的产品完全并入网页页面。典型的插件包括 RealPlayer 和 QuickTime，而一些内容文件本身包括 MP3 和 QuickTime 影片等。

（四）网页中常用的音频格式

1. WAV

WAV 是 Microsoft Windows 本身提供的音频格式，由于 Windows 本身的影响力，这个格式已经成了事实上的通用音频格式，具有较好的声音品质，大多数浏览器都支持此类格式文件，可以通过 CD、磁带、麦克风等录制自己的 WAV 文件，但是文件大小严格限制了可以在网页页面上使用的 WAV 文件长度。

2. MP3

MP3 最大的特点是以较小的比特率和较大的压缩比达到近乎完美的 CD 音质。CD 是以 1.4Mb/s 的数据流量来表现其优异的音质的。而 MP3 格式文件仅仅需要 112 或 128Kb/s 就可以达到逼真的 CD 音质。

3. MIDI

这种格式用于器乐。许多浏览器都支持 MIDI 文件并且不要求插件，但根据访问者声卡的不同，声音效果也会有所不同。

4. AIF（音效交换文件格式，或 AIFF）格式

AIF（音效交换文件格式，或 AIFF）格式与 WAV 格式类似，但是，其较大的文件大小严格限制了可以在网页页面上使用的 AIF 文件长度。

5. RA、RAM、RM 或 Real Audio 格式

RA、RAM、RM 或 Real Audio 格式具有非常高的压缩率，且文件小于 MP3。这种声音可以被快速下载，但质量很差。访问者必须下载并安装 RealPlayer 辅助应用程序或插件才可以播放这些文件。

6. QTM、MOV 和 QuickTime

这是由美国苹果电脑公司开发的音频和视频格式。

（五）网页中常用的视频格式

1. MOV

原始苹果电脑中的视频文件格式,现在也能在 PC 上播放。

2. AVI（Audio Video Interleaved）

这是微软公司推出的视频格式文件,是目前视频文件的主流,如一些游戏、教育软件的片头通常采用这种格式。

3. MPG、MPEG

MPG、MPEG 是活动图像专家组（Moving Picture Expert Group）的缩写。MPEG 实质是电影文件的一种压缩格式。MPG 的压缩率比 AVI 高,画面质量却更好。

4. WMV

WMV 是一种 Windows 操作系统自带多媒体播放器所使用的多媒体文件格式。

 任 务 拓 展

（一）任务展示

某影楼要做宣传,推出了很多特色活动,要制作网页在网络上更好地宣传,本任务要实现的效果如图 5-9 所示。

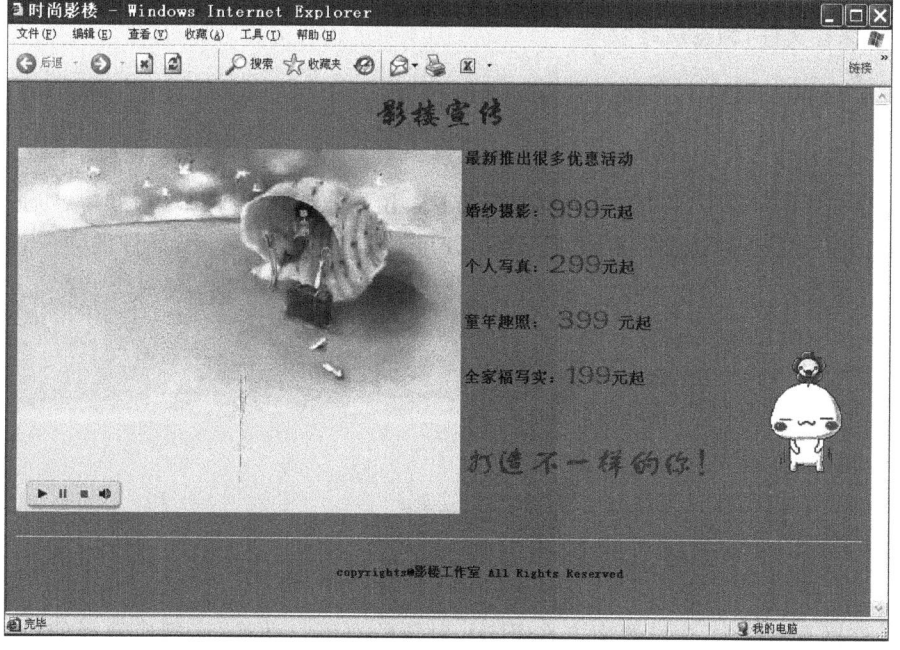

图 5-9 网页效果图

（二）制作要点提示

（1）创建一个本地站点名称为"影楼广告"，存储目录为 E:\chapter5\web，并且新建 4 个子文件夹 images、flash、video 和 music，用来保存图片、动画、视频和音频文件。

（2）新建一个网页，设置网页标题为"时尚影楼"，设置网页背景色为淡紫色，保存网页文件，将其命名为"index.html"。

（3）参考效果图，输入文本，设置文本样式。

（4）页面左方插入一个视频。

（5）页面右方插入一个 Flash 动画。

（6）添加背景音乐。插入一个音频文件，对其进行参数设置。单击左上角的 ✚ 按钮来增加附加参数，输入 hidden 参数表示插件是否隐藏，输入 LOOP 参数表示插件中媒体是否循环播放，输入 autostart 参数表示插件中媒体是否自动播放，所有的插件附加参数中，值为 true 表示"是"，值为 false 表示"否"，本任务中的参数设置如图 5-10 所示。

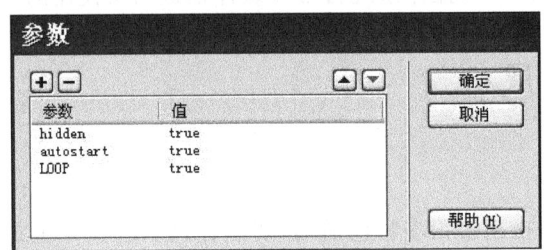

图 5-10 【参数】对话框

（7）保存文件，预览最终效果。

小　　结

本任务主要介绍了多媒体网页的制作方法，用于增加了页面的表现效果。通过本任务的学习，读者应该熟练掌握在页面上插入 Flash 动画、Flash 影片、插件的方法，能正确地设置其属性。

练　　习

一、填空题

1. 网页中的视频文件类型主要有_____、_____、_____和_____ 4 种。

2. 网页中的音频文件类型主要有_____、_____、_____、_____和_____ 5 种。

3. 在网页文件中，要设置文本在 Flash 对象的右侧自动换行，则应选择的对齐方式是_____。

二、选择题

1. 如果要将一幅图片设置为背景,则要在( )对话框中实现。

　　A. CSS 样式　　　　B. 页面设置　　　　C. 图片属性　　　　D. 定义站点

2. 要插入声音,要先插入( )按钮。

　　A.　　　　　　　B.　　　　　　　C.　　　　　　　D.

上 机 操 作

　　将前面制作的手机广告页面进行完善,添加具有感染力的动画、视频、背景音乐等效果使页面更加丰富多彩。

任务6

使用表格布局页面

网页的定位是指把网页元素按需要放在合适的位置上。使用表格布局页面是布局网页页面最常用的方法。它不仅可以有序地排列数据，精确地定位文本、图像以及其他网页元素，更重要的是可以完成网页的版面布局。表格是网页排版的灵魂，在实际应用中，其地位不可动摇，几乎所有的网页都要用到表格，所以掌握网页制作技术，必须具备熟练灵活运用表格的能力。

 任 务 描 述

美食是一种文化，中国的饮食博大精深，现要对中华的各种美食做一个简单的介绍，作为知识的普及宣传，本任务要完成的网页效果如图 6-1 所示。

图 6-1 网页效果图

任务目标

（1）能正确插入表格，并合理设置表格属性。

（2）能正确地在表格中插入文字、图片等元素并定位。

（3）能正确地在表格中插入表格并定位。

（4）能正确地在单元格中输入数据并设置属性。

（5）能进行单元格的合并、拆分、插入和删除操作。

（6）能设置表格、单元格的背景。

任务分析

表格是网页制作技术的精髓，它的功能强大，尤其在网页定位技术上扮演重要的角色。那么，如何正确、灵活、巧妙地使用表格布局页面呢？

本任务中要完成的具体工作任务如下：

（1）制作一个网站，主题为"中华美食"；

（2）运用表格布局页面；

（3）在各个单元格中添加适当的网页元素；

（4）对表格进行相应的属性设置来调整页面效果；

（5）对单元格进行相应的属性设置来调整页面效果。

实施步骤

步骤一   新建一个站点和网页

（1）启动 Dreamweaver CS6，创建一个本地站点名称为"美食介绍"，存储目录为 E:\chapter6。

（2）在站点根文件夹下建立一个子文件夹 images，用来管理图像素材（把要用的图像文件均复制到这个文件夹下）。

（3）新建一个 HTML 文件，在标题栏中设置网页标题为"中华美食"，设置页面背景颜色为"橙色"，并保存该网页文件，将其命名为"index.html"。

步骤二   运用表格布局页面

（1）选择【插入】→【表格】命令，或者单击【插入】面板【常用】分类中的【表格】按钮，打开如图 6-2 所示的【表格】对话框。

（2）本任务要插入一个 4 行 1 列的表格，表格宽度为 800 像素，在页面效果中不需要看到表格的边框，所以"边框粗细"设置为 0 像素，这样插入的表格边框以虚线显示，单元格边距、单元格间距均设置为"0"。【表格】对话框中的参数设置如图 6-2 所示，单击【确定】按钮，即可完成操作，文档窗口插入的表格效果如图 6-3 所示。该表格就用来做整个页面的排版布局，因此可以称它为定位表格。

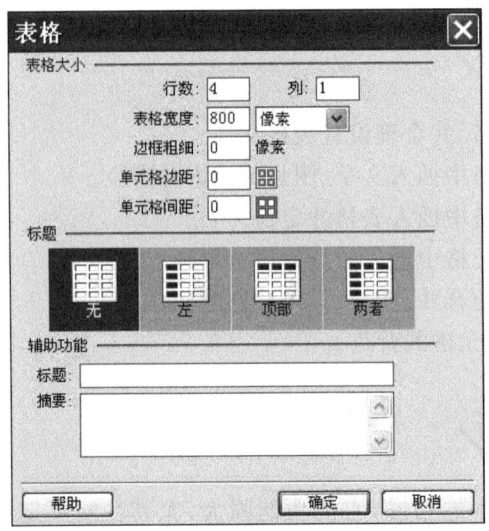

图 6-2 【表格】对话框

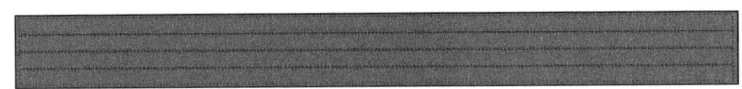

图 6-3   插入表格效果

（3）在属性面板中,将其对齐方式设置为"居中对齐",具体参数设置如图 6-4 所示。

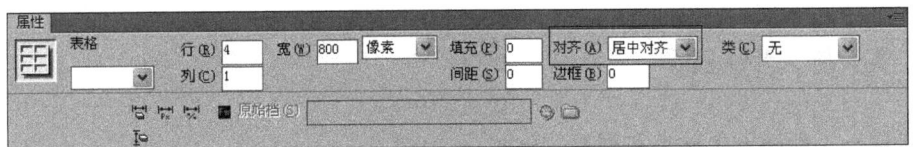

图 6-4   属性参数设置

步骤三   插入 banner

将光标移到前面创建好的定位表格的第一行中,插入一幅图片,效果如图 6-5 所示。

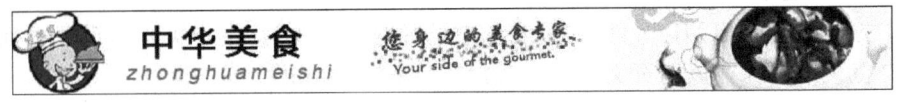

图 6-5   第一行效果

步骤四   插入页面主体内容

（1）将光标移到定位表格的第二行,在属性面板中,将背景颜色设置为"白色",水平对齐方式为"居中对齐",垂直对齐方式为"居中",高度为"240",具体参数设置如图 6-6 所示。

（2）将光标继续定位在表格的第二行中,再插入一个 8 行 3 列的嵌套表格,表格宽度为 95％,边框粗细为 1。

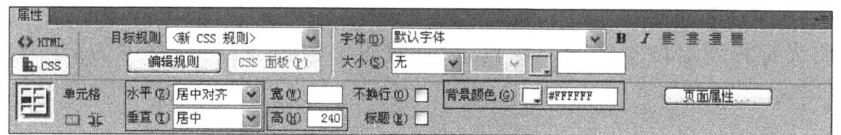

图 6-6　第一行属性参数设置

（3）拖动鼠标选中嵌套表格的所有单元格，在属性面板中将高度设置为"25"，背景颜色为"淡黄色"。

（4）拖动鼠标选中嵌套表格的第一列单元格，设置宽度为"5％"，选中第二列单元格，设置宽度为"20％"。

（5）拖动鼠标选中嵌套表格的第一列，然后单击属性面板上如图 6-7 所示的【合并所选单元格，使用跨度】按钮，将此列合并为 1 个单元格。

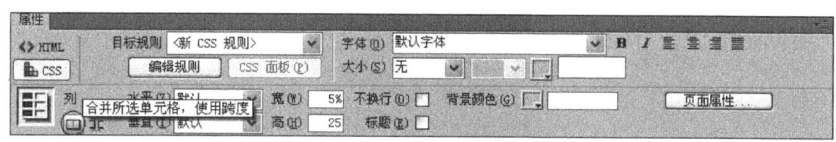

图 6-7　属性参数设置

（6）拖动鼠标选中嵌套表格的第三列，在属性面板中设置水平对齐方式为"居中对齐"。

（7）参考效果图输入文本，设置字体、字号、颜色等。

（8）定位表格第二行的效果如图 6-8 所示。

	四川菜系（川菜）	素来享有"一菜一格，百菜百味"的声誉。
中国八大菜系	广东菜系（粤菜）	善于变化，风味讲究，清而不淡，鲜而不俗，嫩而不生，油而不腻。
	山东菜系（鲁菜）	八大菜系之首，历史悠久，具有文化渊源。
	江苏菜系（苏菜）	"菜美之者，具区之菁"，具有较强的地方风味。
	浙江菜系（浙菜）	成名较早，"南料北烹"成为浙菜系一大特色。
	福建菜系（闽菜）	以选料精细，刀工严谨，讲究火候、调汤、佐料，和以味取胜而著称。
	安徽菜系（徽菜）	在烹调技艺上擅长烧、炖、蒸，而爆、炒菜较少，重油、重色、重火工。
	湖南菜系（湘菜）	其制作精细，用料广泛，品种繁多，其特色是油多、色浓，讲究实惠。

图 6-8　第二行效果

（9）将光标移到定位表格的第三行，将背景颜色设置为"白色"，嵌套一个 1 行 4 列的表格，边框粗细、单元格边距、单元格间距均设置为"0"。

（10）将鼠标指针移到嵌套表格的第一个单元格，插入图像，用同样方法在其他 3 个单元格插入相应的图像，效果如图 6-9 所示。

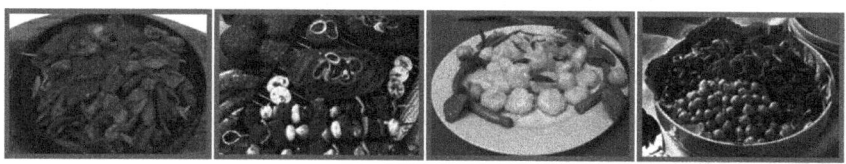

图 6-9　第三行效果

步骤五 插入版权信息

（1）将光标移到定位表格的第四行，设置背景颜色为"白色"，高度为"30"，水平对齐方式为"居中对齐"。

（2）插入版权信息，并设置文本字体、字号。保存文件，预览最终效果。

（一）表格对话框

表格是由行和列组成的，并由行和列的个数决定形状。行和列交叉形成了矩形区域，即表格中的一个矩形单元称为单元格。在表格中可以合并或拆分多个单元格。4 行 4 列的表格如图 6-10 所示，通过表格可以明确行、列和单元格的概念。后面的内容会经常使用到行、列和单元格词汇，因此要熟悉各个区域。

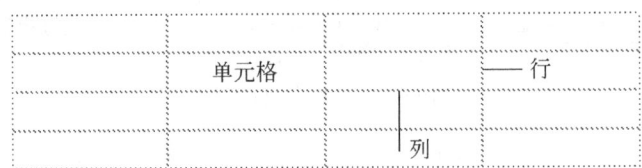

图 6-10 "表格"示意图

提示：行从左到右横过表格，而列则是上下走向。单元格是行和列的交界部分，它是用户输入信息的地方，单元格会自动扩展到与输入的信息相适应的大小。

在 Dreamweaver CS6 中利用【表格】对话框可以插入表格。选择【插入】→【表格】命令，或者单击【插入】面板【常用】分类中的【表格】按钮，即可打开【表格】对话框。如图 6-2 所示，其具体各项参数的功能如下。

1.【行数】文本框

用来设置表格的行数。

2.【列】文本框

用来设置表格的列数。

3.【表格宽度】文本框

用来设置表格的总宽度，单位为像素或者百分比。像素是一个绝对设置，百分比是相对浏览器窗口或者外层表格而言的。如果用户设置表格的宽度为 500 像素，那么无论浏览器窗口大小为多少，或者外层表格为多宽，它的宽度都不会改变。如果用户设置表格的宽度为 80％，那么假如访问者使用 800 像素宽的浏览器窗口，则表格的宽度为 640 像素。如果用户设置一个嵌套表格的宽度为 80％，那么假如它所在的外层表格单元格为 700 像素，则该嵌套表格的宽度为 560 像素。

4.【边框粗细】文本框

用来设置表格边框线的厚度，以像素为单位。如果不想显示表格的边框线，可以输入

0 表示没有边框。

5.【单元格边距】文本框

用来设置单元格内容和单元格边框之间的距离。数值越大,距离越大。不输入具体数值时,默认值为 1 像素。

6.【单元格间距】文本框

用来设置单元格和单元格之间的距离。数值越大,距离越大。不输入具体数值时,默认值为 2 像素。

7. 标题

将表格的一行或一列表示为表头时,选择所需的标题样式。

(1)【无】:在表格中不使用列标题和行标题。

(2)【左】:将表格的第一列作为标题列,以便用户为表中的每一行输入一个标题。

(3)【顶部】:将表格的第一行作为标题行,以便用户为表中的每一列输入一个标题。

(4)【两者】:在表格中能同时使用列标题和行标题。

8. 辅助功能

指定针对表格设置的辅助选项。

(1)【标题】文本框:用来设置一个显示在表格外的标题。

(2)【摘要】文本框:输入关于表格的摘要说明。该内容虽然不显示在浏览器中,但可以在屏幕阅读器上识别,并可以转换为语音。

提示:插入表格后,将会在表格的最下方出现整个表格和各列的列宽值。调节表格宽度时,该值也会一起改变,因此很容易调节表格。

(二)选择表格元素

可以一次选择整个表格,也可以选择整行或整列,还可以选择单个或多个单元格块。

1. 选择整个表格对象

有以下几种方法可以选择整个表格对象。

(1)将鼠标指针放置在表格的左上角或底部边缘稍向外一点的位置,当鼠标指针变成"表格"图标时单击,即可选中整个表格对象。

(2)将鼠标指针移到表格的边框线上,当鼠标指针变成双向箭头时单击,即可选中整个表格对象。

(3)用鼠标单击表格中的任意一个单元格,然后在文档窗口左下角的标签选择器中选择<table>标签,如图 6-11 所示,即可选中整个表格对象。

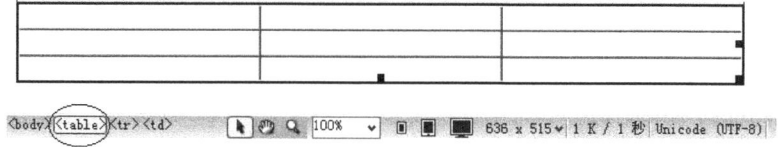

图 6-11 单击标签选择器中的<table>标签选择整个表格

（4）用鼠标单击表格中的任意一个单元格，然后选择【修改】→【表格】→【选择表格】命令，即可选中整个表格对象。

2．选择行或列

有以下几种方法可以选择行或列。

（1）将鼠标指针移到表格中所选行的左边缘，当鼠标指针变为向右的箭头➡时单击，即可选中一行；将鼠标指针移到表格中所选列的上边缘，当鼠标指针变为向下的箭头⬇时单击，即可选中一列。

（2）单击单元格并拖动鼠标，可以选择一行或一列，也可以选择多行或多列。

3．选择单个单元格

有以下几种方法可以选择单个单元格。

（1）单击所选单元格，然后在文档窗口左下角的标签选择器中选择<td>标签。

（2）单击所选单元格，然后选择【编辑】→【全选】命令，或者按 Ctrl＋A 键。

4．选择连续的多个单元格

有以下几种方法可以选择连续的多个单元格。

（1）单击单元格，从开始的单元格拖动鼠标到结束的单元格。

（2）若选择的多个单元格是一个矩形区域，可以选择矩形一个角上的单元格，然后按住 Shift 键，单击矩形另一个角上的单元格。

5．选择不连续的单元格

有以下几种方法可以选择不连续的多个单元格。

（1）单击某个单元格，然后按住 Ctrl 键，此时鼠标变成"矩形"图标，再单击需要选择的单元格、行或者列。

（2）如果按住 Ctrl 键单击选中的单元格、行或者列，则会将其选中，如果单击已经选中的单元格、行或者列，则会将其从选择中删除。

（三）设置表格属性

选中一个表格后，此时表格属性面板如图 6-12 所示。

图 6-12　【表格】属性面板

1．【表格】

对表格命名，以便编程调用。

2．【行】和【列】文本框

设置表格的行数和列数。

3．【宽】文本框

用来精确设置表格的宽度。以当前文档的宽度为基准，可以指定百分比或像素为单位。默认单位为像素,若想固定大小,需继续使用像素单位。

4.【填充】文本框

设置单元格的内容和单元格边框之间的间距。可以认为是单元格内侧的空格。将该值设置为 0 以外的数值时,在边框和内容之间会生成间隔。输入的数值越大,单元格就越大。

5.【间距】文本框

用来设置单元格之间的距离。该值设置为 0 以外的数值时,在单元格和单元格之间会出现空格,因此两个单元格之间有一些间距。输入的数值越大,单元格之间的边框线就越粗,单元格之间的距离就越大。

6.【边框】文本框

用来设置表格边框的粗细,大部分浏览器中,表格的边框都采用立体性的效果方式,输入的数值越大,边框线就越粗。但在整理网页文件而使用的布局表格中,最好不要显示边框,在这种情况下,就需要将"边框"的值设置为 0。

7.【对齐】下拉列表框

用来设置表格在文档中的对齐方式。对齐方式有"默认"、"左对齐"、"居中对齐"、"右对齐"4 种。【默认值】指用户浏览器默认的一种对齐方式。

8.【类】下拉列表框

用来设置表格的样式。

9.【清除列宽】按钮

用来删除表格中所有明确指定的列宽,然后根据内容自动调整为适合显示的最合适的列宽。

10.【清除行高】按钮

用来删除表格中所有明确指定的行高,然后根据内容自动调整为适合显示的最合适的行高。

11.【将表格的宽度转换成像素】按钮

将表格的当前宽度设置成以像素为单位的宽度值。

12.【将表格的宽度转换成百分比】按钮

将表格的当前宽度设置成为占文档窗口的百分比表示的宽度值。

13.【原始档】

设置原始表格设计图像的 Fireworks 源文件路径。

(四)设置单元格属性

选中单元格后,此时单元格属性面板如图 6-13 所示。

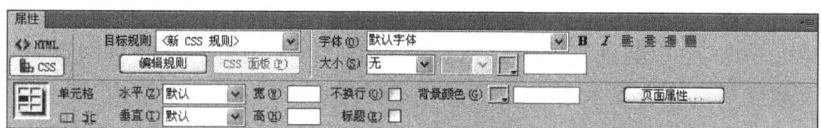

图 6-13　单元格属性面板

1.【水平】下拉列表框

用来设置单元格中的内容相对于单元格的水平对齐方式。有"默认"、"左对齐"、"居中对齐"和"右对齐"4种。"默认"是指用户浏览器默认的对齐方式。

2.【垂直】下拉列表框

用来设置单元格中的内容相对于单元格的垂直对齐方式。有"默认"、"顶端"、"居中"、"底部"和"基线"5种。"默认"是指用户浏览器默认的对齐方式。

3.【宽】和【高】文本框

用来设置单元格的宽度和高度，是以像素为单位或者按占整个表格宽度或高度的百分比来计算的宽度和高度。如果要指定百分比，必须在输入的数值后面加％。如果要让浏览器根据单元格内容以及其他列和行的宽度和高度确定适当的宽度和高度，那么将此选项保留为空。

4.【不换行】复选框

可以防止换行，在输入文本时，即使超出单元格的宽度，也不会自动换行。在不换行的情况下继续横向输入，就会增大单元格的宽度。

5.【标题】复选框

为了与其他内容区分，明显地表示单元格标题并居中对齐。

6.【背景颜色】按钮

用来设置所选单元格的背景颜色。

7.【合并所选单元格，使用跨度】按钮

选择两个以上的单元格后，单击该按钮，就可以合并这些单元格。

8.【拆分单元格为行或列】按钮

用于将一个单元格拆分成多个单元格。一次只能对一个单元格操作。

（五）添加及删除行或列

主要操作方法如下。

选择【修改】→【表格】选项，在弹出的如图6-14所示的级联菜单中选择相应的命令。或者将鼠标指针放置在要操作的单元格上，右击后在弹出的快捷菜单中选择【表格】选项，也会弹出如图6-15所示的级联菜单，完成添加及删除行或列操作。

提示：将插入点置入表格最后一行的最后一个单元格中，按Tab键可快速插入一个新的行。

（六）合理使用表格嵌套

初学做网站的人往往会尝试设计一个把所有内容都包含在里面的表格，其实并不建议这种做法。因为一个表格在进行多次拆分、合并后，会变得很复杂而难以控制。往往在调整一个单元格时，会影响到别的单元格。另一个原因是浏览器在解析网页时，将表格的所有内容下载完毕后才会显示出来，如果整个网站包含在一个大表格内，而其中的内容又很多，访问者需要在整个页面空白的情况下，等待相当长的时间才能浏览页面。

选择表格(S)	
合并单元格(M)	Ctrl+Alt+M
拆分单元格(P)...	Ctrl+Alt+S
插入行(N)	Ctrl+M
插入列(C)	Ctrl+Shift+A
插入行或列(I)...	
删除行(D)	Ctrl+Shift+M
删除列(E)	Ctrl+Shift+—
增加行宽(R)	
增加列宽(A)	Ctrl+Shift+]
减少行宽(W)	
减少列宽(U)	Ctrl+Shift+[
清除单元格高度(H)	
清除单元格宽度(T)	
转换宽度为像素(X)	
转换宽度为百分比(O)	
将高度转换为像素	
将高度转换为百分比	

图 6-14 【表格】级联菜单 1

选择表格(S)	
合并单元格(M)	Ctrl+Alt+M
拆分单元格(P)...	Ctrl+Alt+S
插入行(N)	Ctrl+M
插入列(C)	Ctrl+Shift+A
插入行或列(I)...	
删除行(D)	Ctrl+Shift+M
删除列(E)	Ctrl+Shift+—
增加行宽(R)	
增加列宽(A)	Ctrl+Shift+]
减少行宽(W)	
减少列宽(U)	Ctrl+Shift+[
✓ 表格宽度(T)	
扩展表格模式(X)	

图 6-15 【表格】级联菜单 2

任 务 拓 展

（一）任务展示

中国的小吃具有很大特色，现要制作网页在网络上做知识的普及宣传，本任务要实现的效果如图 6-16 所示。

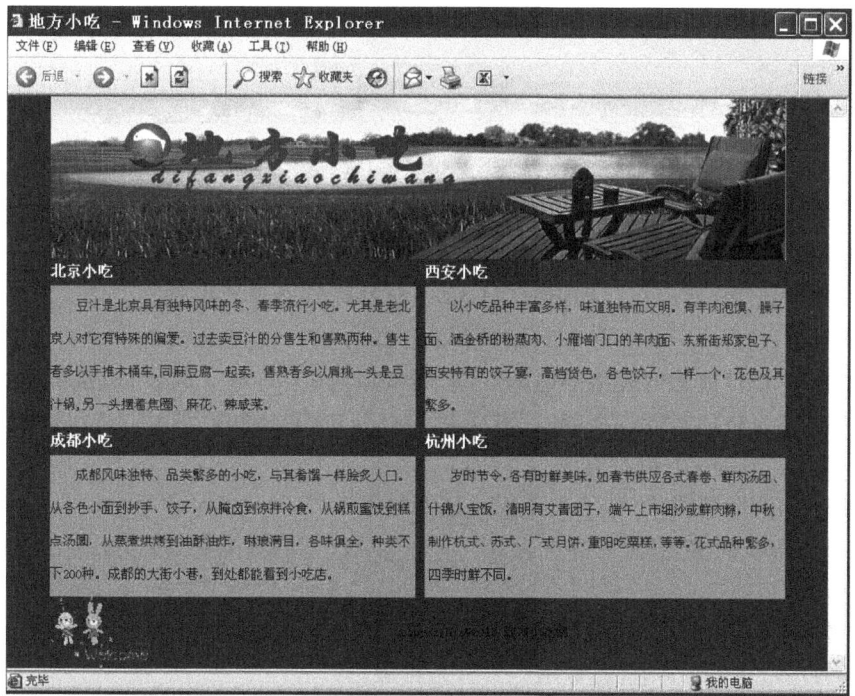

图 6-16 网页效果图

（二）制作要点提示

（1）创建一个本地站点名称为"领略自然"，存储目录为 E:\chapter6\web，并且新建一个子文件夹 images 来管理图片素材文件。

（2）新建一个网页，设置网页标题为"地方小吃"，保存网页文件，将其命名为"index.html"。

（3）选择【插入】→【表格】选项，在弹出的对话框中定义一个 3 行 1 列的定位表格，表格宽度为 800 像素，边框粗细、单元格边距、单元格间距均为 0，其他选项为默认值。

（4）定位表格的第一行插入 banner 图片。

（5）将定位表格的第二行嵌套一个 4 行 3 列的表格。将嵌套表格的第一行和第三行分别设置背景色为深灰色，第二行和第四行设置背景色为浅灰色。

（6）参考效果图，分别在相应单元格中输入相应文本，进行格式设置。

（7）在定位表格的第三行，嵌套一个 1 行 2 列的表格。第一个单元格插入一幅图片，第二个单元格插入版权信息。

（8）保存文件，预览最终效果。

小　　结

本任务主要介绍了表格的创建方法和具体的属性设置。通过本任务的学习，读者应该熟练使用表格并能灵活地进行格式化。应该学会运用表格技术来布局页面，准确定位页面中的各个对象，从而使页面美观、有条理，能更加直观地传递信息。

练　　习

一、填空题

1. 在页面中插入表格时，可以通过调整【插入表格】对话框中的_____值改变表格边框的粗细，若需要在浏览器窗口中不显示表格，应把表格的边框设置为_____。

2. 单击单元格，然后在文档编辑窗口左下角的标签选择器中选择_____标签可以选择整个表格，选择_____标签可以选择这个单元格。

3. 将鼠标指针放置到表格的边框线上，当鼠标变成_____时，可以选择整个表格。

4. 在设置表格的宽度和高度时，有像素和百分比两个单位，其中_____是一个绝对设置，_____是一个相对值。

5. 单元格边距是指_____，单元格间距是指_____。

6. 选择连续的多个单元格可以用_____键，选择不连续的多个单元格可以用_____键。

二、选择题

1. 在 Dreamweaver 中，通常用（　　）来排版。

　　A. 模板　　　　　B. 框架　　　　　C. 表格　　　　　D. 表单

2. 在 Dreamweaver 中,插入表格所用的按钮是(　　)。

A. 　　　　B. 　　　　C. 　　　　D.

3. 如果改变表格的外围边框的宽度,应该设置表格的(　　)属性。

A. 宽度　　　　　　B. 边距　　　　　　C. 间距　　　　　　D. 边框

上 机 操 作

1. 运用表格制作一个美观的课程表页面。

2. 将前面"美丽的趵突泉"页面,用表格重新规划,制作一个更加规范的页面。

任务7

在网页中使用超链接

　　网络最明显的特点就是可以在任意页面间跳转,原因就是超级链接使网页关联了起来。如果没有超级链接的存在,网页中的一切就失去了生命,因为网页间没有了联系也就不能被称为网了。链接是一个网站的灵魂,这里面不仅要知道如何创建页面之间的链接,更要知道这些地址形式的真正意义。在 Dreamweaver CS6 中,为文档、图像、多媒体文件或者下载的程序文件建立链接的方法有很多,本任务将全面系统地做一下介绍。

 任 务 描 述

　　某学校要拓展学生知识,丰富学生的知识面,特提供一个陶冶学生情操的平台,要制作一个小网站,展现古代诗词,本任务完成的网页效果如图7-1所示。

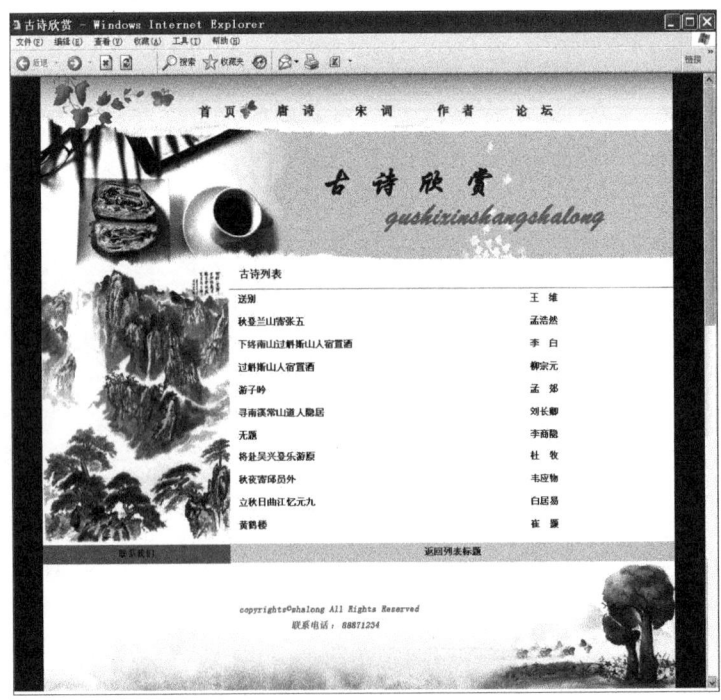

图 7-1　网页效果图

 任 务 目 标

（1）能理解绝对路径和相对路径。

（2）能知道链接的类型。

（3）能创建文本图像链接。

（4）能创建电子邮件链接。

（5）能创建图像热点链接。

（6）能创建锚点链接。

（7）能更改链接颜色。

（8）能设置链接的打开方式。

（9）能设置空链接的使用。

 任 务 分 析

超级链接作为网页中最重要、最根本的元素之一，能把网站中众多的网页连接在一起，突出显示网站的最大特点——跳转。那么如何编织网络呢？

本任务中要完成的具体工作任务如下：

（1）制作一个网站，主题为"古诗欣赏"；

（2）插入表格，进行布局；

（3）插入普通图像；

（4）输入文字，进行格式化设置；

（5）设置页面背景，使效果更加完美；

（6）创建文本链接；

（7）创建图像链接；

（8）创建图像热点链接；

（9）创建锚点链接；

（10）创建电子邮件链接；

（11）创建空链接；

（12）更改链接的效果。

 实 施 步 骤

步骤一 新建一个网页文件

（1）启动 Dreamweaver CS6，创建一个本地站点名称设为"古代诗词"，存储目录为 E：\chapter7。

（2）在站点文件夹下建立一个子文件夹 images，用来管理图像素材（把要用的图像文件均复制到这个文件夹下）。

（3）新建一个 HTML 文件，在标题栏中设置网页标题为"古诗欣赏"，并保存该网页文件，将其命名为"index.html"。

步骤二 插入表格

（1）选择【插入】→【表格】选项，在弹出的对话框中定义一个 4 行 1 列的定位表格，表格宽度为 1000 像素，边框粗细、单元格边距、单元格间距均为 0，其他选项为默认值。

（2）选中该表格，在属性面板中设置对齐方式为"居中对齐"。

步骤三 插入元素

（1）将光标移到定位表格第一行，参考效果图，插入导航图像文件。

（2）将光标移到定位表格第二行，参考效果图，插入 banner 图像文件。

（3）将光标移到定位表格第三行，嵌套一个 1 行 2 列的表格，表格宽度为 100%，边框粗细、单元格边距、单元格间距均为 0，其他选项为默认值。

（4）将光标移到嵌套表格的第一列，设置宽度为 300 像素，再嵌套一个 2 行 1 列的表格，第一行插入一幅相应图像文件，第二行设置背景为如效果图所示的深灰色，添加文字"联系我们"。

（5）将光标移到步骤三中的嵌套表格的第二列，再嵌套一个 4 行 1 列的表格，第一行添加标题文字"古诗列表"，第二行添加水平线，第三行添加相应文本，第四行设置背景为如效果图所示的浅灰色，添加文字"返回列表标题"。

步骤四 文字编辑

（1）对文字进行格式化设置，如字体、大小、标题等。

（2）将光标移到表格的相应单元格，设置对齐方式，调整文本的位置。

步骤五 插入版权信息

将光标移到定位表格的第四行，参考效果图，插入相应图像文件。

步骤六 设置页面背景

通过【页面属性】设置网页背景的颜色为深绿色，如效果图所示，使其页面自然、和谐。

步骤七 创建文本链接

（1）为了添加链接，首先做好准备工作，另建一个空白网页，命名为"text.html"，输入"正在建设中……"，进行保存。

（2）切换到"index.html"文件，选中要制作链接的文本——古诗列表中的"送别"二字，在属性面板中单击【链接】文本框右侧的文件夹按钮，打开【选择文件】对话框选择链接的文件，这里选择"text.html"文件。

（3）保存文件，预览效果。当鼠标经过带链接的文字时，指针将变为"手"的形状。单击鼠标，将会跳转到"text.html"文件。

步骤八 创建图像链接

（1）为了添加链接，首先做好准备工作，另建一个空白网页，命名为"image.html"，输入"正在建设中……"，进行保存。

（2）切换到"index.html"文件，选中"联系我们"上行的装饰图片（即山水图片），在属性面板中单击【链接】文本框右侧的文件加按钮，打开【选择文件】对话框选择链接的文件，这里选择"image.html"文件。

（3）保存文件，预览最终效果。当鼠标经过带链接的图像时，指针将变为"手"的形状。单击鼠标，将会跳转到"image.html"文件。

步骤九　创建图像热点链接

（1）为了添加链接，首先做好准备工作，另建一个空白网页，命名为"link.html"，进行保存。

（2）切换到"index.html"文件，选中导航图片，在属性面板中单击热点工具按钮□○♡3种形状中的一种，本任务中单击第一个矩形按钮，在导航图片上选择"唐诗"二字，如图7-2所示。

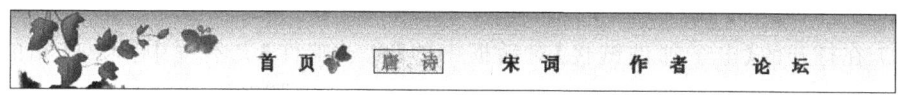

图7-2　热区选择

（3）在属性面板中单击【链接】文本框右侧的文件加按钮，打开【选择文件】对话框选择链接的文件，这里选择"link.html"文件。

（4）保存文件，预览效果。当鼠标经过图像热点链接部分时，指针将变为"手"的形状。单击鼠标，将会跳转到"link.html"文件。

步骤十　创建锚点链接

（1）将光标移到"古诗列表"标题左边，选择【插入】→【命名锚记】命令，或者单击【插入】面板【常用】分类中的【命名锚记】按钮❸。

（2）在打开的【命名锚记】对话框中的【锚记名称】文本框中输入名字"top"，如图7-3所示，单击【确定】按钮完成操作。

提示：锚点名称中不应包含空格，也不建议使用中文对锚点命名。另外要注意的是，这里命名锚点时不要输入#标记，在后面链接锚点的过程中，才添加#标记，表明对锚点的引用。

（3）此时在标题左边出现一个锚记标记，如图7-4所示。

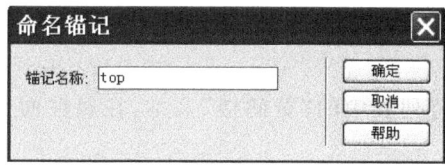

图7-3　【命名锚记】对话框

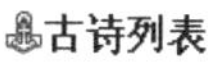

⚓**古诗列表**

图7-4　锚记标记

（4）将光标移到"返回列表标题"，选中这几个字，在属性面板的【链接】文本框中输入"#top"，如图7-5所示，即完成锚点链接的创建。

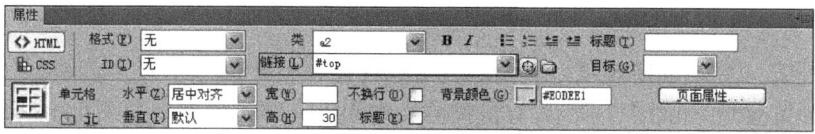

图7-5　链接命名锚记

提示：若要链接到其他文档中的名为"top"的锚记，格式为：文件绝对路径＋文件名
＃top。另外，锚记名称区分大小写。

（5）保存文件，预览效果。当鼠标经过"返回列表标题"部分时，指针将变为"手"的形
状。单击鼠标，将返回到页面的锚点位置，即"古诗列表"标题处。当单击超链接，想直接
显示到网页中的特定部分时，锚点链接就派上用场了，用它可以在网页的某一特定位置上
定义链接锚点，让链接指向该锚点即可。

步骤十一　创建电子邮件链接

（1）选中"联系我们"文本，选择【插入】→【电子邮件链接】命令，或者单击【插入】面板
【常用】分类中的【电子邮件链接】按钮 ![icon]。

（2）在打开的【电子邮件链接】对话框中的【电子邮件】文本框中输入邮箱的地址
connect@163.com，如图7-6所示。

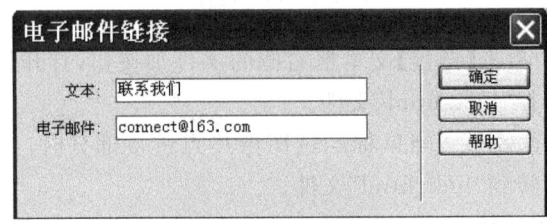

图7-6　【电子邮件链接】对话框

（3）单击【确定】按钮，完成电子邮件链接的编辑。电子邮件链接是指单击链接时，将
打开电子邮件收发软件，向在链接中指定邮箱发送邮件。

（4）保存文件，预览效果，当鼠标指针滑过"联系我们"文字时，指针将变为"手"的形
状，单击鼠标，将会运行邮件编辑软件，并在收件人栏中自动出现之前填写的电子邮件
地址。

也可以使用另外的方法实现：选中文本"联系我们"，在属性面板的链接文本框中直
接输入"mailto:connect@163.com"。

提示：制作电子邮件链接时，输入mailto:必须为没有空格的小写形式。

步骤十二　创建空链接

（1）在"index.html"文件中，选中古诗列表中的"黄鹤楼"文本，在属性面板中的【链
接】文本框中输入"＃"，即完成操作。

（2）保存文件，预览效果，当鼠标指针滑过"联系我们"文字时，指针将变为"手"的形
状，单击鼠标，仍然在本页面上。

提示：空链接实际上是一个未设计的链接，也就是并不能实现跳转到其他位置的功
能，单击一个空链接，不会转到任何页面上，但利用这种链接可以激活页面上的对象或者
文本，便于对其附加其他操作。

步骤十三　更改链接效果

（1）预览效果，如图7-7所示，有链接的文本和没有链接的文本效果是不一致的。

（2）若要使页面更加协调美观，可以设置链接效果，单击【页面属性】按钮，打开【页面

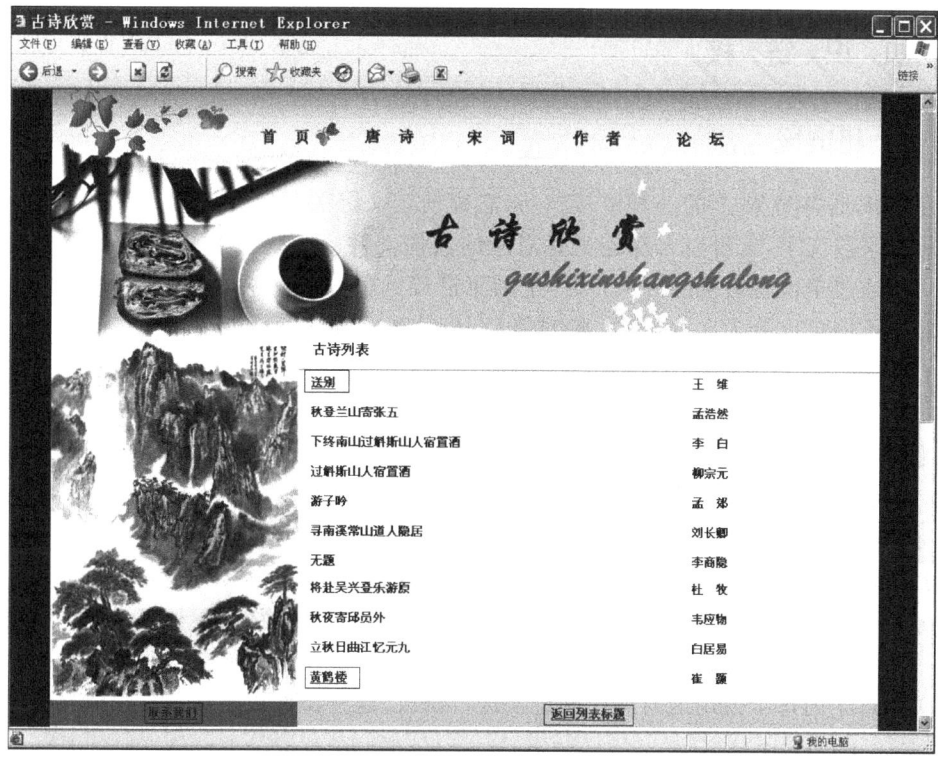

图 7-7 网页预览效果

属性】对话框,将"链接颜色"、"变换图像链接"、"已访问链接"、"活动链接"均设置为"黑色",在【下划线样式】下拉列表框中选择"始终无下划线"选项,如图 7-8 所示。保存文件,预览最终效果。

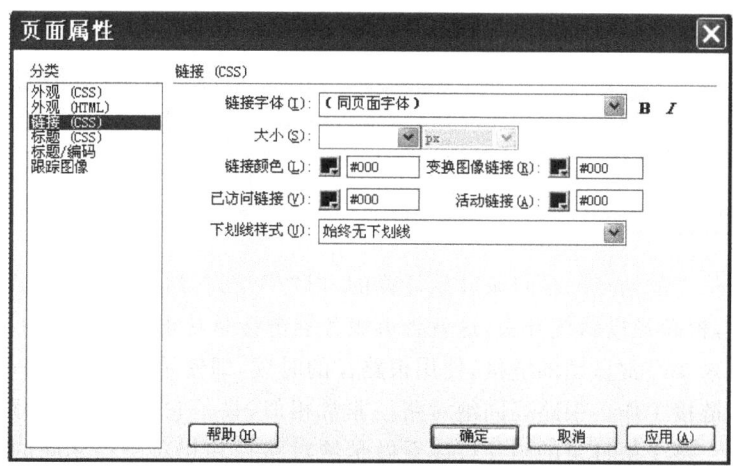

图 7-8 【页面属性】对话框

 知 识 链 接

（一）超链接

超链接是 WWW 上的一种链接技巧，它提前定义好关键字和图形，只要用户单击某个图标或某段文字，就可以自动连上相对应的其他文件。所以在 WWW 的站点画面中，用户可以通过单击超链接的方式，从一个网页链接到另一个网页。网页中的链接按照链接路径的不同可以分为 3 种类型：绝对路径、相对路径、根路径。

（二）绝对路径

绝对路径指包括服务器协议在内的完全路径。通常使用 http://表示，如 http://www.young.com/index.html。这样不管源文件在什么位置都可以非常精确地找到，除非目标文件的位置发生变更，否则链接不会失效。无论用户所保存的网页文档在站点中如何移动，都能实现页面的正常跳转、链接。但是，绝对路径的链接方式不利于测试，若要测试链接是否正常，必须在 Internet 服务器端进行。采用绝对路径不利于站点的移动，例如，一个较为重要的站点，通常会在几个地址上创建镜像，要将文档在这些站点之间移动，必须对站点中的每个使用绝对路径的链接进行修改，这些操作很麻烦，也容易出错。

（三）相对路径

相对路径可以表述源端点同目标端点之间的相互位置，它同源端点的位置密切相关。其使用方法为：如果在链接中，源端点和目标端点位于一个目录下，则链接路径中只需要指明目标端点的文件名称即可；如果在链接中，源端点和目标端点不在同一个目录下，就需要将目录的相对关系也表示出来；如果链接指向的文件位于当前目录的子级目录中，则可以利用符号"."来表示当前位置的父级目录，利用多个符号"."表示更高的父级目录，从而构建出目录的相对位置。这样如果站点的结构和文档的位置不变（即链接的源端点不变），那么链接就不会出错。使用相对路径，用户可以将整个网站移动到另一个地址的网站中，而不需要修改文档中的链接路径。

（四）根路径

根路径是从当前站点的根目录开始计算的，以"/"开头，站点中所有看到的文件都包含在根目录中，根路径以斜线开头，这就告诉服务器链接是从根目录开始的。适用于链接那些站点根目录要经常移动的链接，使用根路径的时候，即使站点移动到另一个服务器也不会影响正常链接工作。根路径同绝对路径非常相似，只是它省去了绝对路径中带有协议的地址部分。基于根目录的路径可以看做是绝对路径和相对路径之间的一种折中，具有绝对路径的源端点位置无关性，同时又解决了绝对路径在测试上的麻烦。因为在测试基于根目录的链接时，可以在本站点中进行，而不用连接 Internet。

（五）URL

要设置好链接,必须要了解作为链接起点的文档到作为链接目标的文档之间的文件路径。Internet 文件在网上都有一个唯一的地址,所以说,定义超链接就是指定一个网页的 URL 地址。URL 的英文全称是 Uniform Resource Locator,中文意思是"统一资源定位器"。通俗地说,它用来指出某一项信息的所在位置及存取方式。更严格一点来说,URL 就是在 WWW 上指明通信协议以及定位,以享用网络上各式各样的服务功能。URL 可以用一种统一的格式来描述各种信息资源,包括文件、服务器的地址和目录等。URL 的格式由下列三部分组成:第一部分是协议(或称为服务方式如 http);第二部分是存有该资源的主机 IP 地址(有时也包括端口号,如 www.sina.com);第三部分是主机资源的具体地址,如目录和文件名等(如/car/index.html)。第一部分和第二部分之间用":∥"符号隔开,第二部分和第三部分用"/"符号隔开。第一部分和第二部分是不可缺少的,第三部分有时可以省略。一个完整的 URL 如 http://www.sina.com/car/index.html。

（六）【目标】下拉列表框的使用

在创建各种链接时,都共同具有一个重要的选项参数,就是【目标】下拉列表框,如图 7-9 所示,它用来指定链接的页面打开时所采用的浏览器窗口。

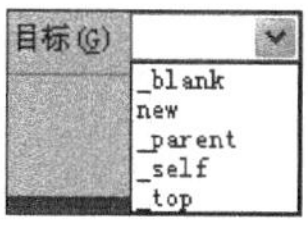

图 7-9 【目标】下拉列表框

（1）_blank：将链接的文件在一个新的空白的浏览器窗口中打开。

（2）new：将链接的文件在新窗口中打开。new 始终在同一个新窗口中打开链接,而_blank 始终在不同的新窗口中打开链接。

（3）_parent：将链接的文件在含有该链接的框架的上一级框架或父窗口中打开。

（4）_self：将链接的文件在含有该链接的同一框架或同一窗口中打开,即覆盖当前窗口。如果不选择,此选项为默认值。

（5）_top：将链接的文件在整个浏览器窗口中打开,这样将会清除所有框架。

（七）制作基本链接

1. 制作文本图像链接

网页中最容易制作并最常使用的即是文本链接,文本链接指的是单击文本时,出现与它相链接的其他页面或主页的形式。网络初期由于传送速度较慢,因此大部分网页文件都采用文本形式,而且大多数都是文本链接。但目前的网络速度很快了,可以在一个网页文件上使用数十个图像,因此通常也在图像中应用链接。

在 Dreamweaver CS6 中添加链接的方法很简单,选中要添加链接的文本或图像,在属性面板的【链接】文本框中直接输入链接地址即可,也可以单击【链接】文本框右侧的文件夹按钮,在打开的【选择文件】对话框中选择链接的文件,如图 7-10 所示。

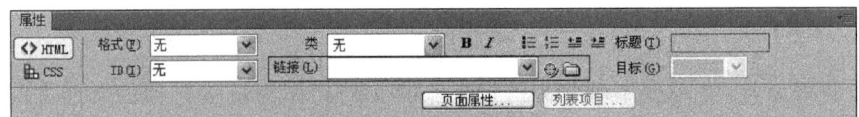

图 7-10 文本【属性】面板

2. 制作图像热点链接

选择要添加链接的图像,在图像的属性面板中有绘制工具,利用它们可以直接在网页的图像上绘制用来激活超链接的热区,再通过在热区添加链接,达到创建链接的目的,如图 7-11 所示。

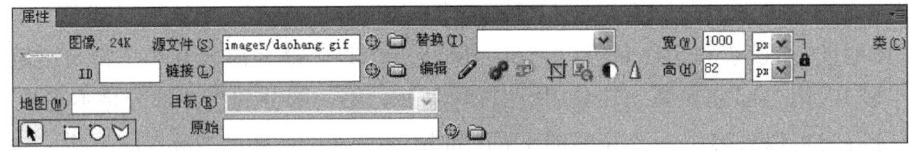

图 7-11 图像【属性】面板

选中热区后,便可以在属性面板上设置该热区对应的 URL 链接地址,如图 7-12 所示。

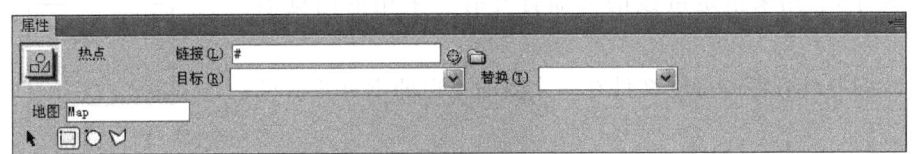

图 7-12 热点【属性】面板

(1)【地图】文本框:输入需要的影像名称,即可完成对热区的命名。如果在同一篇文档中使用了多个影像图,则应该保证这里输入的名称是唯一的。

(2)指针热点工具:可以将光标恢复为标准箭头状态,这时可以从图像上选取热区,被选中的热区边框上会出现控制点,拖动控制点可以改变热区的形状。

(3)矩形热点工具:单击属性面板上的【矩形热点工具】按钮,然后按住鼠标左键并在图像上拖动,即可勾勒出矩形热区。

(4)圆形热点工具:单击属性面板上的【圆形热点工具】按钮,然后按住鼠标左键并在图像上拖动,即可勾勒出圆形热区。

(5)多边形热点工具:单击属性面板上的【多边形热点工具】按钮,然后按住鼠标左键并在图像上拖动,即可勾勒出多边形热区。

3. 制作锚点链接

制作网页文件时,最好将所有内容都显示在一个画面上,但是,在制作文档的过程中经常需要插入很多内容,这时由于文档的内容过长,需要移动滚动条来查找所需的内容。如果不喜欢滚动条,可以尝试使用锚点。利用锚点可以避免移动滚动条查找长文档时所带来的诸多不便。锚点的作用与书签类似,可以让用户快速找到需要的部分。

　　应用锚点时会在同一个网页中进行切换,因此要在网页各部分上适当创建一些返回到原位置的锚点。

　　提示:链接的含义是从一个页面链接到另一个页面,而锚点的含义是链接到当前页面的某部分或另一页面的某部分。因此,锚点也可以被看做是"收藏夹"或"书签"。

4. 制作电子邮件链接

　　在网页中单击电子邮件链接,将自动运行邮件编辑软件,并在收件人栏中自动出现网页管理者的电子邮件地址。访问者只要输入标题和内容,就可以立即发送电子邮件。通常将这种方式称为电子邮件链接。

　　提示:在网页中单击电子邮件链接时,如果没有打开邮件编辑软件,说明电脑里还没有安装邮件编辑软件,只有在邮件编辑软件中设置了自己的电子邮件账号,才可以使用电子邮件链接。

 任 务 拓 展

(一)任务展示

　　现一所培训学校进行各个年龄段的学生辅导、培训,需要制作一个小网站进行相应的介绍、宣传,进行招生,分析其特点,结合现有资料、资源,本任务要实现的首页效果如图 7-13 所示。

图 7-13　首页效果图

（二）制作要点提示

步骤一　创建站点并编辑站点首页

（1）创建一个本地站点名称为"教育之家"，存储目录为 E：\chapter7\web，并且新建一个子文件夹 images 来管理素材文件。

（2）新建一个网页，设置网页标题为"教育网"，保存网页文件，将其命名为"index. html"，设置背景颜色。

（3）插入一个 6 行 1 列的定位表格，表格宽度为 800 像素，边框粗细、单元格边距、单元格间距均为 0，其他选项为默认值。

（4）在每个单元格内插入相应的元素，其中，第四行需要嵌套表格，先嵌套一个 1 行 3 列的表格，表格宽度为 100%，边框粗细、单元格边距、单元格间距均为 0，其他选项为默认值，插入相应元素。在第二个单元格中再嵌套一个 2 行 2 列的表格，表格宽度为 95%，边框粗细、单元格边距、单元格间距均为 0，其他选项为默认值，插入相应元素。

（5）参考效果图，进行文本格式设置，单元格的对齐方式、背景颜色等的设置。

（6）保存文件，预览效果。

步骤二　创建第一个二级页面

效果如图 7-14 所示。

（1）新建一个网页，将其命名为"link. html"。

（2）插入一个 3 行 1 列的定位表格，表格宽度为 687 像素，边框粗细、单元格边距、单元格间距均为 0，其他选项为默认值。

（3）参考效果图，插入相应元素，进行相应设置。

（4）保存文件，预览效果。

步骤三　创建第二个二级页面

效果如图 7-15 所示。

（1）新建一个网页，将其命名为"link2. html"。

（2）插入一个 3 行 1 列的定位表格，表格宽度为 687 像素，边框粗细、单元格边距、单元格间距均为 0，其他选项为默认值。

（3）参考效果图，插入相应元素，进行相应设置。

（4）保存网页，预览效果。

步骤四　建立超链接

（1）打开"index. html"文件，在导航条部分制作图像热点链接。

① "首页"链接到"index. html"文件。

② "幼儿教育"链接到"link. html"文件。

③ "儿童教育"为空链接。

④ "少年教育"链接到"link2. html"文件。

⑤ "青年教育"为空链接。

（2）在"index. html"文件中，制作文本链接。

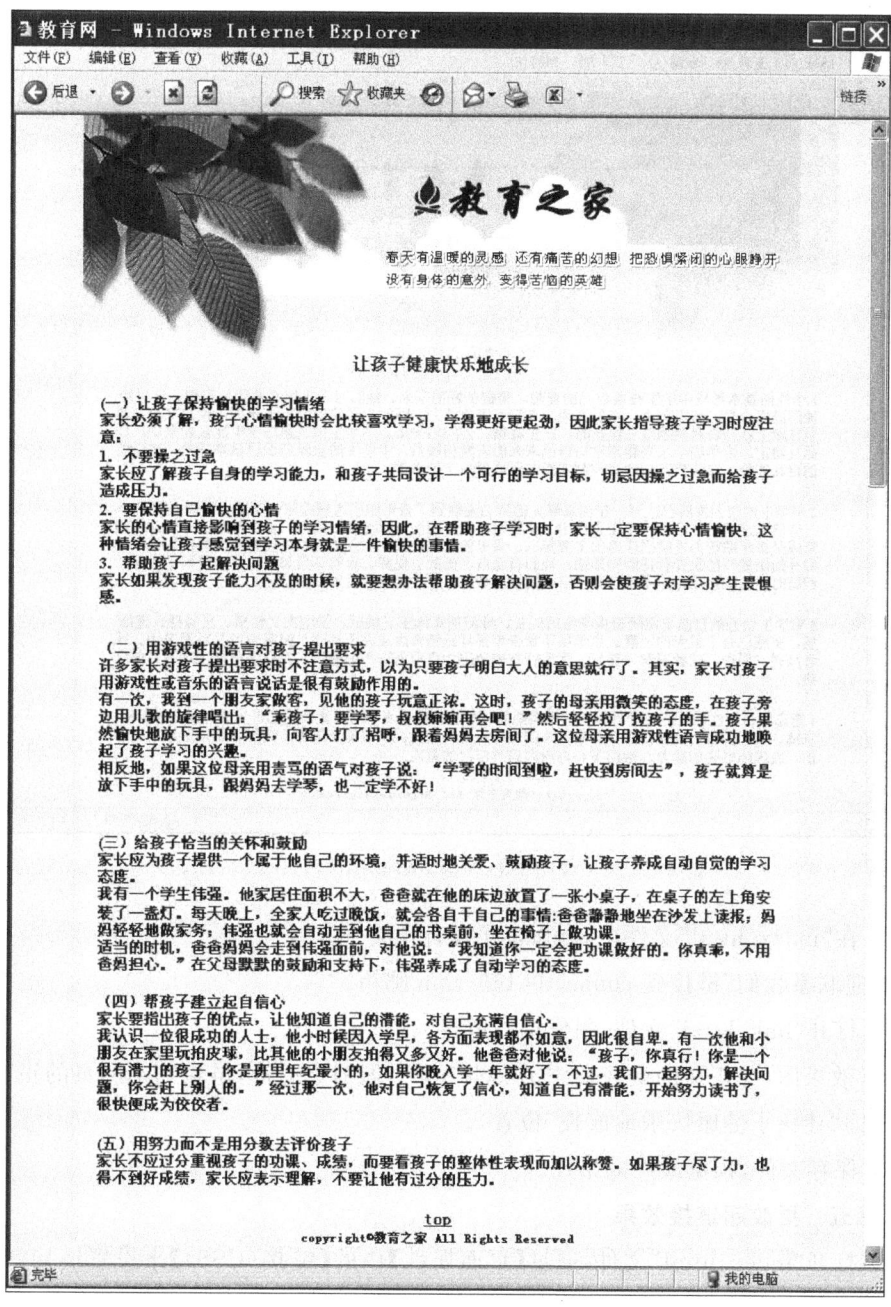

图 7-14　网页效果图

① "让孩子健康快乐地成长"链接到"link.html"文件。

② "中学生的心理特点"链接到"link2.html"文件。

（3）在"index.html"文件中,制作图像链接。

设置页面中装饰花的图像链接为空链接。

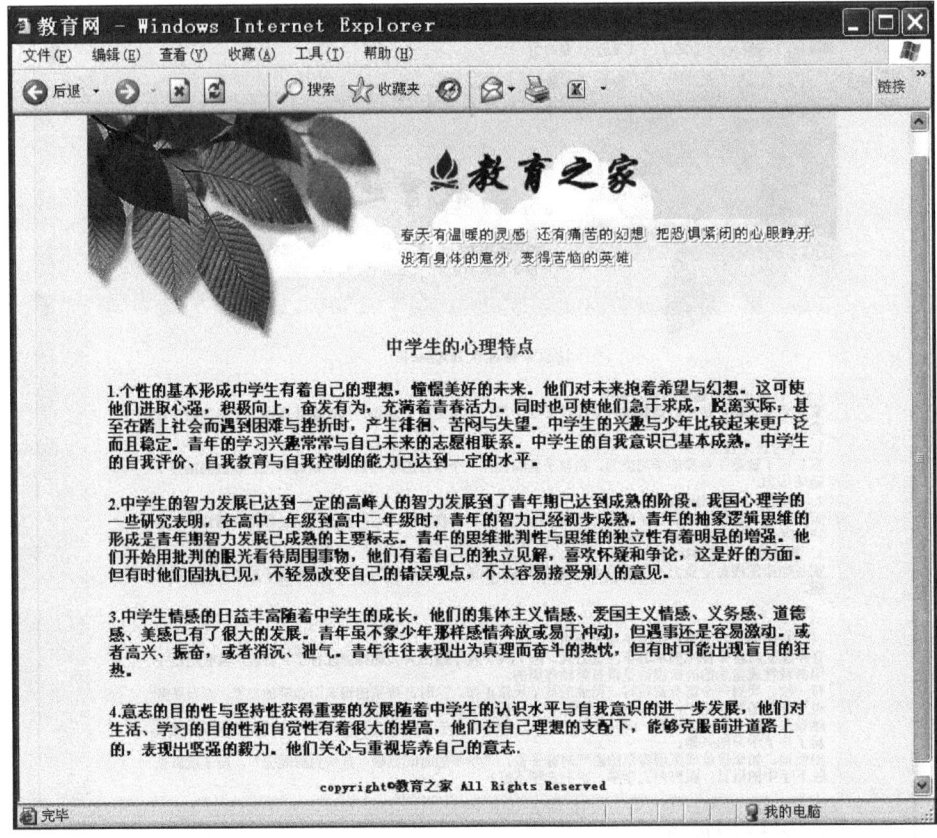

图 7-15　网页效果图

（4）在"index. html"文件中，制作电子邮件链接。

"欢迎联系我们"链接到 connect@163. com 邮箱。

（5）打开"link. html"文件，制作锚点链接。

参考效果图，在正文的最底端添加文本"top"，做锚点链接，链接到本网页的正文的标题部分（即"让孩子健康快乐地成长"位置）。

（6）保存文件，预览最终效果。

步骤五　更改超链接效果

（1）打开"index. html"文件，通过【页面属性】中的【链接（CSS）】来设置链接效果，将链接文本的颜色变换为效果图所示的绿色，无下划线，当鼠标指向的时候显示下划线。

（2）其他超链接按默认效果。

（3）保存文件，预览最终效果。

小　结

本任务主要介绍了超链接的含义，URL、绝对路径和相对路径的概念，这是设置链接的基础，同时应该学会不同类型超链接的创建方法，主要包括页间链接、页内链接、电子邮件链接和图像热点链接。通过本任务的学习，读者应该能创建超链接，并能够测试超链接。链接是一个网页灵魂的主要表现形式，因此，熟练掌握链接的制作方法是至关重要的。

练　习

一、填空题

1. 超链接的路径可以使用_____、_____和_____ 3 种方式。

2. 创建页内链接通过使用_____完成。

3. _____是网页灵魂的主要表现形式，它能够把各个网页连接起来，使网站中的各页面构成一个有机整体，使用户能在各个页面之间跳转。

4. 在【目标】下拉列表框中主要有_____、_____、_____和_____ 4 种打开方式。

二、选择题

1. 能够链接到当前文档某个位置的链接类型是（　　）。

    A. 锚点链接　　　　B. 电子邮件链接　　　　C. 文本链接　　　　D. 热点链接

2. 为文本或图像创建超链接的快捷键是（　　）。

    A. Ctrl+L　　　　B. Shift+L　　　　C. Ctrl+K　　　　D. Shift+K

上 机 操 作

针对任务 4 中的拓展项目的网页，即"时装发布会"页面，为其作下一级链接。要求如下。

（1）从中选择一幅图片，对其做链接，这个二级页面命名为 kt.html，内容是对这款时装的说明。同样的方法再做一个链接页面命名为 kt2.html。

（2）在 kt.html 文件中能实现页面顶部到底部的跳转。

（3）在 kt.html 文件中能实现页面底部到 kt2.html 文件顶部的跳转。

（4）在 kt2.html 文件底部加一个电子邮件链接，显示文本为"网站信箱"。

（5）根据具体页面效果设置链接的颜色等属性，使页面效果更加美观。

任务8

在网页中使用表单

在日常生活中,很多人都有过填表的经历,例如在银行里填写存款单、在商店里填写购物单等,网络中也有类似生活中要填写的各种表格,它们是用表单实现的。现在许多网站都有网站注册的功能。进入注册页面后,会要求我们输入信息,如姓名、年龄等,甚至可以利用下拉菜单、单选按钮等进行选择,提交后,我们所填写和选择的各种信息就会传给服务器,这一功能是通过表单元素来实现的。本任务是学习如何在网页中使用表单。

 任务描述

某羽毛球俱乐部开业,现希望广大消费者积极入会,为方便客户,可以从网上直接注册会员,本任务就是要完成这样一个注册页面,网页的效果如图 8-1 所示。

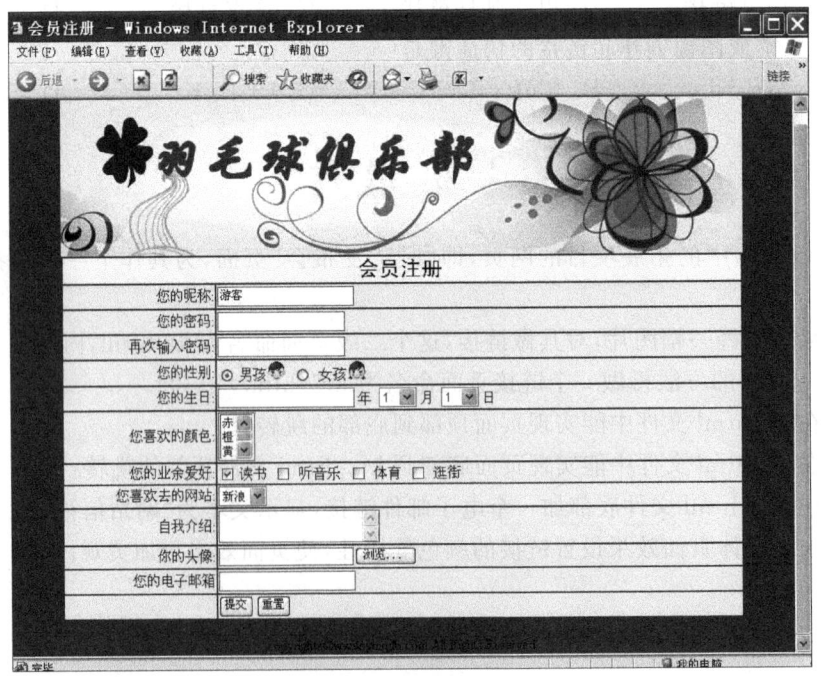

图 8-1 网页效果图

任务目标

（1）能正确插入表单。

（2）能合理使用表单中的各种元素。

（3）能使用表格排版布局表单中的元素。

（4）理解表单的用途。

任务分析

随着互动式页面的增多，越来越多的页面开始大量使用表单。本任务通过制作一个网站常用的注册页面，讲解表单在网页中的应用。大家将会在该任务的制作中，学习如何使用表单，如何使用表单中的各种元素。在本任务的制作中，为了能很好地布局页面，还采用了前面已经学习过的表格。

本任务中要完成的具体工作任务如下：

（1）制作一个网页，主题为"会员注册"；

（2）插入一个表单；

（3）插入表格，居中对齐，用来排版表单的元素，设置单元格的背景色美化页面；

（4）插入各种表单元素，实现搜集用户的不同信息。

实施步骤

步骤一　新建一个文件夹和网页

（1）启动 Dreamweaver CS6，创建一个本地站点名称为"网站注册"，保存在 E：\chapter8。

（2）在站点根文件夹下建立一个子文件夹 images，用来保存图像素材（把要用的图像文件均复制到这个文件夹下）。

（3）在站点管理器中，右击站点根文件，在弹出的快捷菜单中选择【新建文件】命令，创建一个 HTML 文件，将其命名为"index.html"。

（4）打开网页 index.html，在文档工具栏的标题中设置网页标题为"会员注册"。

（5）设置网页背景颜色。

步骤二　插入定位表格

（1）插入一个 3 行 1 列的定位表格，表格宽度为 780 像素，边框粗细、单元格边距、单元格间距均为 0，其他选项为默认值，居中对齐。

（2）在表格第一行插入 banner 图片。

（3）在表格第三行插入版权信息。

步骤三　插入表单

将光标移到定位表格的第二行，选择【插入】→【表单】→【表单】命令，或者单击【插入】

面板中【表单】分类中的【表单】按钮,在网页编辑窗口中将插入一个红色的表单框,如图 8-2 所示。

图 8-2　插入表单效果

提示:在插入任何其他表单元素前,都要先插入表单,表单相当于一个容器,可以容纳其他表单元素。

步骤四　插入表格排版各表单元素

(1) 将光标定位于代表表单的红色虚线框中,插入一个 13 行 2 列的表格,表格宽度为 100%,边框粗细、单元格边距、单元格间距均为 0,其他选项为默认值。

(2) 将第一行中的两列合并,参考效果图,设置单元格背景色美化页面。

(3) 在第一行输入标题文本,参考效果图,在第一列的各单元格输入标题文本和相应提示性文本,并进行格式化设置,效果如图 8-3 所示。

会员注册	
您的昵称	
您的密码	
再次输入密码	
您的性别	
您的生日	
您喜欢的颜色	
您的业余爱好	
您喜欢去的网站	
自我介绍	
你的头像	
您的电子邮箱	

图 8-3　输入文本效果

步骤五　插入各种表单元素

接下来将依次在各单元格中插入各种表单元素。

(1) 将光标定位于第二行右侧单元格中,单击【插入】面板中【表单】分类中的【文本域】按钮 ▣,插入一个文本域元素,让用户在此输入注册昵称。选中该元素,在其属性面板中设置属性,其【字符宽度】为 20,意思是该文本字段最多可以显示出 20 个字符,【最多字符数】是 16,意思是用户在该字段中最多只能输入 16 个字符,【初始值】设置为"游客",【文本域】下方可以输入该文本域元素的名称,这里采用默认值,如图 8-4 所示。

图 8-4　文本域的属性设置

提示:此时可能会出现【输入标签辅助功能属性】对话框,如图 8-5 所示,此时单击

【确定】按钮即可。

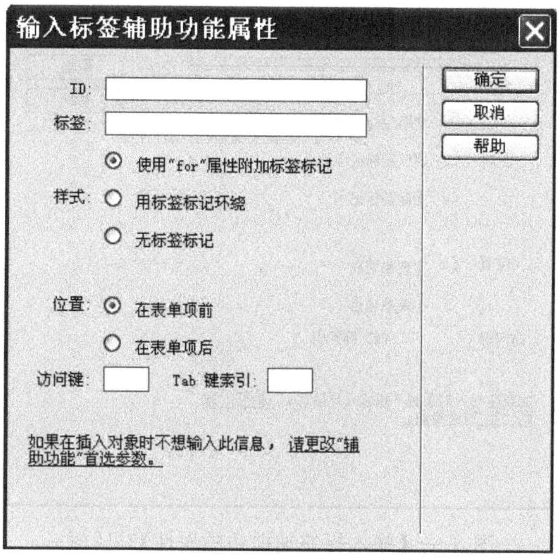

图 8-5　【输入标签辅助功能属性】对话框

（2）将光标定位于第三行右侧单元格中，单击【插入】面板中【表单】分类中的【文本域】按钮█，插入一个文本域元素，让用户在此输入登录密码。选中该元素，在如图 8-4所示的属性面板中，将其类型由【单行】改为【密码】。设置后，用户在输入密码时，文本框中将显示"＊"，同时设置该文本字段能够显示的字符宽度为 20，密码位数最多可以设置16 位，初始值为空。用同样的操作，在第四行右侧单元格中再插入一个密码式文本域，属性相同。

提示：文本域可以实现 3 种类型的输入，即单行、多行、密码。在单行文本域中只能输入一行文字，在多行文本域中可以输入多行文字，我们可以在属性面板控制该字段中显示出的字符数，也可以控制用户在其中输入字符的个数，在文本域的下方可以设置文本域的名称，另外还可以设置其初始值。

（3）将光标定位于第五行右侧单元格中，单击【插入】面板中【表单】分类中的【单选按钮】按钮█，插入两个单选按钮，用户可以利用它们选择性别。当插入第一个按钮时，在出现的对话框中的标签文字后输入"男孩"，如图 8-6 所示。插入第二个按钮时输入标签文本"女孩"。

提示：单选按钮的特点是在多个选项中只能选取其中的一个。因此单选按钮通常是成组出现的，该任务中就是两个单选按钮构成一组选项，实现性别的选择。

（4）选中这组单选按钮中的第一个选项，即"男孩"，在属性面板中选择其【初始状态】为【已勾选】，这样网页在显示时，该选项会默认被选中。【选定值】设置为"男"，如图 8-7所示。选中"女孩"选项，修改其【选定值】为"女"。分别在两个选项的后面插入一幅图片来美化页面，注意将图片保存在 images 文件夹下。

提示：在属性面板中【单选按钮】下方可以设置单选按钮元素的名称，一般来说同一组单选按钮的名称是相同的，就像我们任务中的这两个选项一样，它们的名称是一样的。

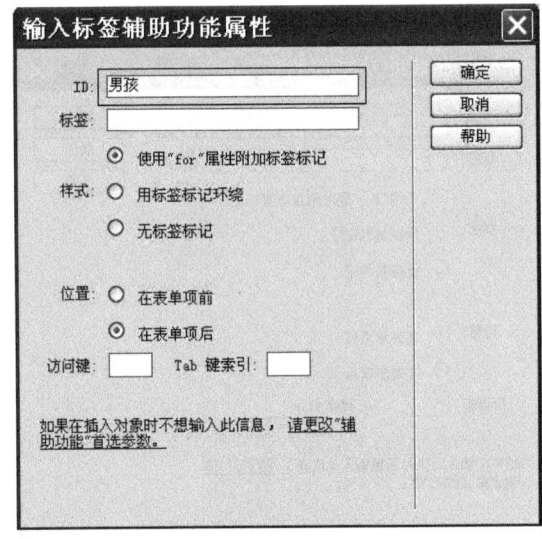

图 8-6 【输入标签辅助功能属性】对话框

图 8-7　单选按钮属性面板

我们还可以设置初始状态和选定值,选定值是指当选择了某个选项后,传到服务器的数值。

　(5)将光标定位于第六行右侧单元格中,插入一个文本域,在出现的【输入标签辅助功能属性】对话框中,设置标签文本为"年",位置在字段表单元素的后面,该表单元素用于输入生日中的年份。单击【插入】面板中【表单】分类中的【选择(列表/菜单)】按钮,插入一个下拉菜单表单元素,在该下拉菜单元素后面设置其标签文本为"月"。选中该元素,在其属性面板中设置【类型】为【菜单】,单击【列表值】按钮,弹出如图 8-8 所示的对话框,单击"+"号按钮,为下拉菜单增加代表 1~12 月份的 12 个数字选项,设置【初始化时选定】为 1,即用户浏览该页面时,该项为默认选择项。其具体参数如图 8-9 所示。用同样的操作,插入一个下拉菜单用于输入每月的 1~31 号日期。

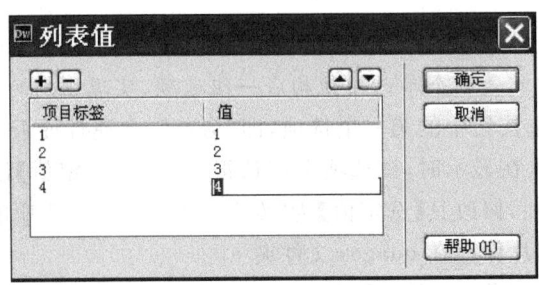

图 8-8 【列表值】对话框

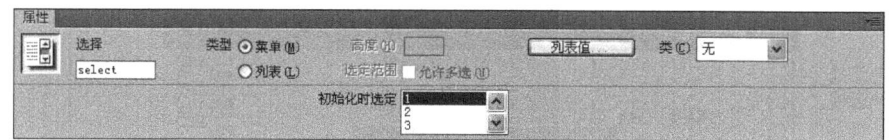

图 8-9　下拉菜单元素属性

（6）在第七行右侧单元格插入一个选择（列表/菜单）表单元素。选中该元素，在其属性面板中把类型由【菜单】改为【列表】，如图 8-10 所示，此时【高度】和【选定范围】选项激活。设置其显示高度为 3 个选项，允许多选。和上面一样，单击【列表值】按钮，增加颜色选项。

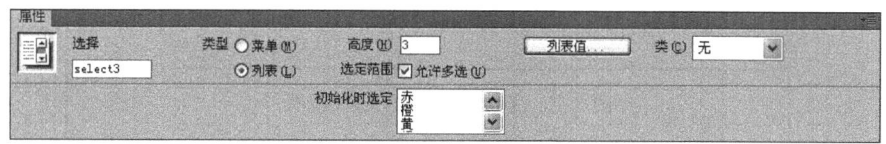

图 8-10　列表元素属性

提示：可以看出，列表/菜单元素实际上提供了两种类型的选择样式，下拉菜单式只能单选，而列表通过设置选定范围不但支持单选，还可以支持多选，即在多个选项中选取多个。另外还可以设置网页在浏览时，列表显示出的其中选项的个数（即高度）。

（7）单击【插入】面板中【表单】分类中的【复选框】按钮☑，在第八行右侧单元格插入一个复选框，在该表单元素后面设置其标签文本为"读书"。用同样的操作，依次添加后面的几个复选框。选中"读书"复选框，通过属性面板设置其属性，如图 8-11 所示，设置【初始状态】为【已勾选】。选中复选框，就是可以在若干个选项中同时选取多个，一般来说，每个选项都要插入一个复选框。

图 8-11　复选框的属性

（8）在第九行右侧插入一个跳转菜单，单击【插入】面板中【表单】分类中的【跳转菜单】按钮🔽，在打开的如图 8-12 所示的对话框中增加菜单选项，当选择该菜单中的一个选项时，浏览器就会跳转到该选项所指示的新页面。其属性参数面板如图 8-13 所示。

（9）在第十行右侧插入一个文本域元素，单击【插入】面板中【表单】分类中的【文本域】按钮🖿，用于输入自我介绍，设置其【字符宽度】为 30，【行数】为 2，如图 8-14 所示。大家通过其属性面板可以看出，文本区域元素实际上就是一个类型为多行的文本字段元素。

（10）在第十一行右侧插入一个文件域元素，单击【插入】面板中【表单】分类中的【文件域】按钮🔳，用于从客户机选择一个文件上传到 Web 服务器，实现文件的上传功能。

（11）在第十二行右侧插入一个文件域元素，单击【插入】面板中【表单】分类中的【Spry 验证文本域】按钮🖳，将【类型】设置为"电子邮件地址"，这样如果注册者无法在电

单击此处
增减选项

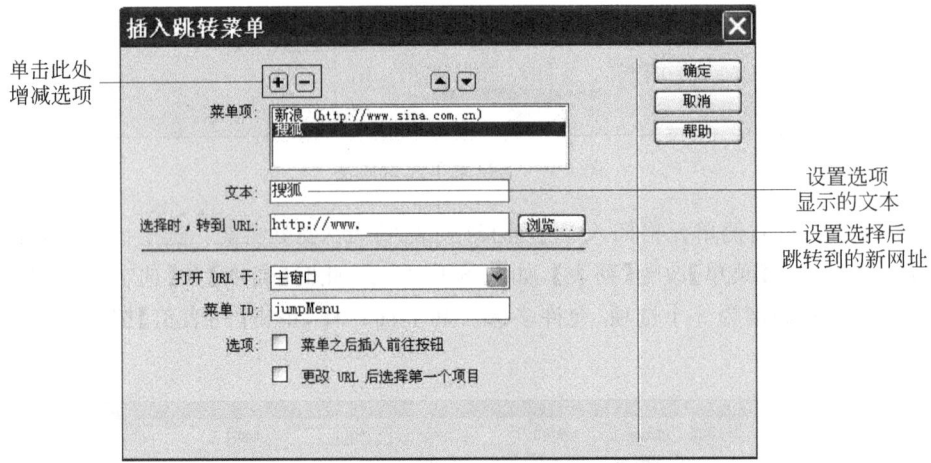

图 8-12 【插入跳转菜单】对话框

设置选项
显示的文本

设置选择后
跳转到的新网址

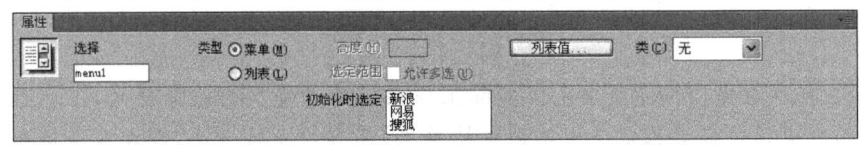

图 8-13 跳转菜单属性

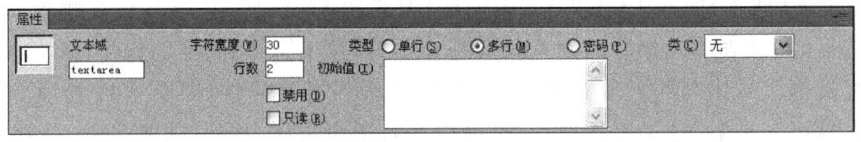

图 8-14 文本域属性

子邮件地址中输入符号"@"和句点,验证文本域构件会返回一条消息,声明用户输入的信息无效,属性面板如图 8-15 所示。

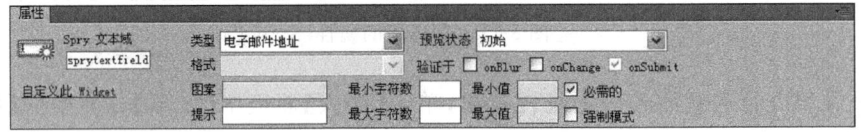

图 8-15 Spry 验证文本域属性

(12) 在第十三行右侧插入一个按钮元素,单击【插入】面板中【表单】分类中的【按钮】按钮,用于向 Web 服务器提交表单中的各项数据,按钮名称采用默认值,【动作】为【提交表单】。再次插入一个按钮元素,设置其【动作】为【重设表单】,如图 8-16 所示,用于重置所填写的内容。保存文件,预览最终效果。

图 8-16 按钮属性

（一）表单的用途

表单是网页经常使用到的元素,以各种各样的形式广泛地应用于需要和用户互动的页面中,主要用来让用户在网页上输入数据,搜集用户的各种信息,用于注册、订购、留言板、调查等场合。

一个完整的表单包含两个部分:一是在网页中描述的表单对象;二是应用程序,它可以是服务器端的,也可以是客户端的,用于对客户信息进行分析处理。浏览器处理表单的过程一般是:用户在表单中输入数据,提交表单,浏览器根据表单中的设置处理用户输入的数据。若表单指定通过服务器端的脚本程序进行处理,则该程序处理完毕后将结果反馈给浏览器(即用户看到的反馈结果);若表单指定通过客户端(即用户方)的脚本程序处理,则处理完毕后也会将结果反馈给用户。

（二）表单属性

选中插入的表单,属性面板中会显示表单属性,如图 8-17 所示。

图 8-17　表单属性

1.【表单 ID】文本框

用来设置表单的名称。为了正确处理表单,一定要给表单设置一个名称。

2.【动作】文本框

用来设置处理该表单的服务器脚本路径。如果该表单通过电子邮件方式发送,不被服务器脚本处理,需要在【动作】文本框中输入 mailto:以及要发送到的邮箱地址。

3.【目标】下拉列表框

用来设置表单被处理后反馈页面打开的方式。

4.【方法】下拉列表框

用来设置将表单数据发送到服务器的方法。选择【默认】选项或 GET 选项,将以 GET 的方式发送表单数据,把表单数据附加到请求 URL 中发送;选择 POST 选项,将以 POST 方式发送表单数据,把表单数据嵌入到 HTTP 请求中发送。

5.【编码类型】下拉列表框

用来设置发送数据的编码类型。通常选择 application/x-www-form-urlencode 选项。

6.【类】下拉列表框

选择应用在表单上的类样式。

（三）插入表单对象

通过上面的任务可以看出，创建表单时，需要先插入标签，并在其内部制作表格后再插入文本域、下拉菜单、单选按钮或复选框等各种表单元素。

表单中提供了各种元素，以不同的方式实现用户数据的输入，我们可以根据不同的使用场合选择不同的元素，以达到快捷输入的目的。另外，为了在服务器端程序中区分和使用每个元素中的数据，表单中各个元素都有名称和值这两个基本的属性，并且可以在各元素的属性面板中设置。

1．文本域和密码域

文本域是可以输入单行文本的表单要素，也就是通常登录画面上输入用户名的部分。密码域是输入密码时主要使用的方式。其制作方法与文本域的制作方法几乎一样，但输入内容后，页面上会显示"＊"形式，其属性面板如图 8-4 所示，主要属性介绍如下。

（1）【文本域】：设置文本域的名称，以便在服务器端识别。

（2）【字符宽度】：用英文字符单位来指定文本域的宽度，即设置浏览网页时文本字段可以显示出的文字的个数。

提示：【字符宽度】是可以显示的而不是可以输入的字符数，这是它和【最多字符数】选项的区别。另外，需要注意的是一个中文字符相当于两个英文字符宽度。

（3）【最多字符数】：设置用户可以输入的字符的个数。

（4）【类型】：有 3 个选项，分别是【单行】、【多行】、【密码】，选择【单行】或【多行】选项是插入文本域，选择【密码】选项是插入密码域。

（5）【初始值】：通过设置该属性，可以在显示文本域时，作为默认值来显示的文本。

（6）【类】：设置应用在文本域上的类样式。

（7）【禁用】：禁用文本域

（8）【只读】：使文本区域成为只读文本域。

2．文本区域

文本区域指的是可输入多行的表单元素。使用文本区域，可以在网页文件中先显示其中的一部分内容而节省空间，如果用户想要看未显示部分的内容，可以通过拖动滚动条查看剩下的内容。其实文本区域和文本域的属性是一样的。其属性面板如图 8-14 所示，需要指出的内容如下。

【行数】：用于指定文本区域的行数。当文本的行数大于指定值的时候，会出现滚动条。

3．单选按钮和单选按钮组

单选按钮主要用来实现在多个选项中只能选择一个的情况。为了选择单选按钮，应该把两个以上的项目合并为一个组，并且一个组的单选按钮应该具有相同的名称，这样才可以看出它们属于同一个组。此外，一定要输入单选按钮的【值】属性，这是因为用户选择项目时，单选按钮所具有的值会传到服务器上。

单选按钮的属性面板如图 8-7 所示，主要属性介绍如下。

（1）【单选按钮】：输入单选按钮的名称。同组的单选按钮要指定相同的单选按钮名称。

（2）【选定值】：用于设置该单选按钮被选中的值,这个值将会随表单提交到服务器上,因此必须要输入该项。

（3）【初始状态】：用于设置该单选按钮的初始状态,包括【已勾选】和【未选中】两个选项。

（4）【类】：指定要应用的类样式。

选择【插入】→【表单】→【单选按钮组】命令,或者单击【插入】面板中【表单】分类中的【单选按钮组】按钮，打开如图 8-18 所示的【单选按钮组】对话框,可以一次性插入多个单选按钮,形成单选按钮组。

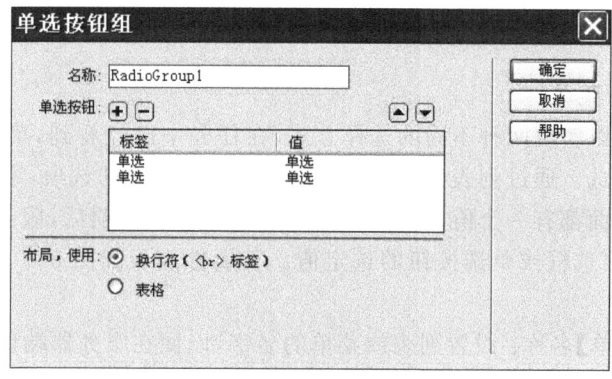

图 8-18　【单选按钮组】对话框

（1）【名称】：用来设置单选按钮组的名称。

（2）【标签】：用来设置单选按钮的文字说明。

（3）【值】：用来设置单选按钮的值。

（4）【换行符】：设置单选按钮在网页中直接换行。

（5）【表格】：自动插入表格设置单选按钮的换行。

4．复选框和复选框组

复选框主要用于可以在若干选项中有多个选择的情况,这是它和单选按钮的区别。复选框通常也是成组插入的,一组中有几个选项就要插入几个复选框,每个选项都要对应一个复选框。但是同一组中的复选框,它们的名称是不一样的,这是它和单选按钮的第二个区别。其属性面板如图 8-11 所示,主要属性介绍如下。

（1）【复选框名称】：设置复选框的名字,以便在服务器端识别。

（2）【选定值】：当复选框被选定时,传给服务器的值。

（3）【初始状态】：设置复选框的初始状态,包括【已勾选】和【未选中】两个选项。

（4）【类】：指定要应用的类样式。

选择【插入】→【表单】→【复选框组】命令,或者单击【插入】面板中【表单】分类中的【复选框组】按钮，打开如图 8-19 所示的【复选框组】对话框,可以一次性插入多个复选框,形成复选框组。

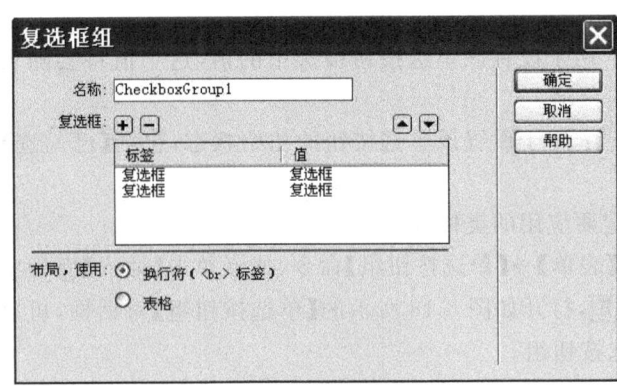

图 8-19　【复选框组】对话框

5．选择（列表/菜单）

利用该元素可以实现两种不同的选择方式，在任务中已经看到，菜单只能实现单选，而列表可以实现多选。通过列表值对话框可以添加该类元素的选项，添加选项时会发现，每个选项的标签后面都有一个值，当从列表/菜单中选择该选项后，服务器端接收到的就是这个值，类似于复选框或单选按钮的选定值。其属性面板如图 8-10 所示，主要属性介绍如下。

（1）【列表/菜单】名称：设置列表或菜单的名字，以便在服务器端识别。

（2）【类型】：选择是作为列表还是下拉菜单。

（3）【高度】：当作为列表使用时，设置列表显示的行数（项目个数），打开列表才可以显示整体内容。

（4）【初始化时选定】：将选择的项目显示为选择（列表/菜单）表单要素的初始值。

（5）【选定范围】：可以使用 Shift 或 Ctrl 键来一次性选择多个项目。

（6）【列表值】：可以输入或修改选择（列表/菜单）表单要素的各种项目。

（7）【类】：指定要应用的类样式。

6．按钮

利用该表单元素，可以插入按钮，如表单提交按钮、重置按钮和普通按钮，表单提交按钮用于向服务器提交表单数据，重置按钮用于清空表单中的数据以重新输入，普通按钮可以根据程序编写的要求实现各种功能。其属性面板如图 8-16 所示，主要属性介绍如下。

（1）【按钮名称】：设置按钮的名字，以便在服务器端识别。

（2）【值】：设置按钮上面的标签文字。

（3）【动作】：选择单击按钮时发生的动作。

提交表单：将用户输入的信息提交到服务器计算机上的程序中。

重设表单：删除在输入样式中输入的所有内容。

无：在按钮上应用 JavaScript 来实现动作。

（4）【类】：指定应用在按钮上的类样式。

7．图像域

利用该表单元素，可以实现图像类的按钮，但只能用作表单的提交按钮，而不能用于重置按钮。

8. 文本域

文本域可以在表单文档中制作文件附加项目。选择系统内的文件并添加后,单击【提交】按钮,就会和表单内容一起提交。文件域主要应用在公告栏中添加文件或图像并一起上传的时候。

提示:文本域主要应用于简便的数据分享,它已在很大程度上被现代的 E-mail 方式所取代,现代 E-mail 方式允许将文件附加到任何信息上。

9. 隐藏域

将信息从表单传送到后台程序中时,编程者通常要发送一些不应该被使用者看见的数据。要发送这类不能让表单使用者看到的信息时,要用到隐藏域。

10. 跳转菜单

在跳转菜单中,可以选择其中一项作为基本项目。基本项目是指通常显示在跳转菜单中的项目。一般情况下,可以把跳转菜单的标题作为基本项目,在没有另外使用标题的情况下,也可以把第一个项目作为基本项目。当然,也可以不指定基本项目,但此时跳转菜单会以空状态显示在画面中。在插入跳转菜单时,弹出如图 8-12 所示的【插入跳转菜单】对话框,其各项参数含义如下。

(1)【菜单项】:根据【文本】和【选择时,转到 URL】选项的输入内容,显示菜单项目。

(2)【文本】:输入显示在跳转菜单中的菜单名称,可以使用中文或空格。

(3)【选择时,转到 URL】:输入连接到菜单项目的文件路径。输入本地站点的文件或网页地址。

(4)【打开 URL 于】:在以框架组成的文档中,选择显示连接文件的框架名称;若没有使用框架,则只能使用"主窗口"。

(5)【菜单 ID】:为了区分文档内的多个元素,输入菜单的名称。

(6)【菜单之后插入前往按钮】:在跳转菜单旁边插入【前往】按钮。

(7)【更改 URL 后选择第一个项目】:即使在跳转菜单中单击菜单移动到链接网页,跳转菜单上也依然显示指定为基本项目的菜单。

(四)使用 Spry 验证表单

Spry 表单验证允许用户建立丰富网页的一套 JavaScript 和 CSS 库,用户可以使用这个框架显示 XML 数据,创建交互效果。通过 Spry 验证,可以实现对表单元素内容的检测功能,可以使用 HTML、CSS 和极少量的 JavaScript 将 XML 数据合并到 HTML 文档中,创建构件(如折叠构件和菜单栏),向各种页面元素中添加不同种类的效果。在设计上,Spry 框架的标记非常简单且便于那些具有 HTML、CSS 和 JavaScript 基础知识的用户使用。

在以往版本的 Dreamweaver 中,如果要实现表单验证只有两种途径,一种是使用【行为】面板中的检查表单行为,另一种是借助其他表单验证插件来实现。Dreamweaver CS6 提供了一个 Ajax 的框架 Spry。Spry 框架内置表单验证功能对于设计新手来说非常方便。

1. Spry 验证文本域

Spry 验证文本域构件是一个文本域,该域用于在站点访问者输入文本时显示文本的状态(有效或无效)。Spry 验证文本域可以在用户输入文字信息时判断文本域的合法或非法状态。其可以检测多个状态,用户可以在属性面板中根据希望的检查结果来设置这些状态。常用的状态如图 8-20 至图 8-23 所示。

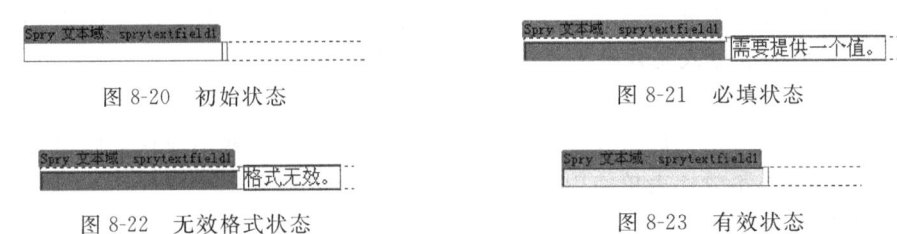

图 8-20　初始状态　　　　　　　　　　　　图 8-21　必填状态

图 8-22　无效格式状态　　　　　　　　　　图 8-23　有效状态

Spry 文本域除了这 4 种常用状态,还包括聚焦状态、最小数字状态、最大数字状态、最小值状态以及最大值状态等。其属性面板如图 8-15 所示,主要属性介绍如下。

(1)【Spry 文本域】:设置 Spry 验证文本域的名称

(2)【类型】:大多数类型使得文本域接受一个标准格式,少数类型使用户可以选择接受某种格式类型。

(3)【预览状态】:可以设置"初始"、"必填"或"有效"状态,选择不同的选项时,文本域外观会发生不同的变化。

(4)【格式】:根据不同类型设置不同格式。

(5)【验证于】:设置在何种条件发生时检查表单。

- onBlur:用户单击文本域外侧时检查表单。
- onChange:用户改变文本域内容时检查表单。
- onSubmit:用户试图提交表单时检查表单。

(6)【图案】:指定自定义格式的具体模式。

(7)【提示】:指定自定义格式的提示文字。

(8)【最大字符数】:设置文本域接受的最大字符。

(9)【最小字符数】:设置文本域接受的最小字符。

(10)【最大值】:设置文本域接受的最大值。

(11)【最小值】:设置文本域接受的最小值。

(12)【必需的】:设置文本域为必填项目。

(13)【强制模式】:禁止用户输入文本域所认定的任何非法字符。

提示:验证文本域还可以在不同的情况下检查,如用户在文本域外面单击时、输入文字时或者提交表单时。

2. Spry 验证文本域

用户在文本域中输入文字信息时,Spry 验证文本域可以判断文本域的合法或非法状态。如果文本域是一个必填项目,而用户没有输入任何文字,会显示出相关信息要求用户输入内容。

验证文本域常用的状态有初始状态、必填状态、有效状态,此外,还包括聚焦状态、最小数字状态和最大数字状态等。其属性面板如图 8-24 所示,主要属性与 Spry 验证文本域类似。

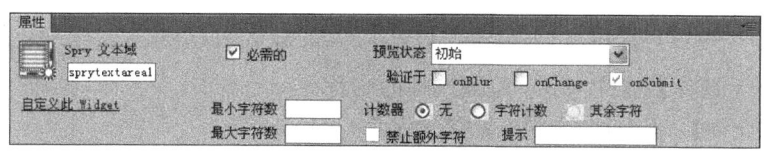

图 8-24　Spry 验证文本域属性面板

(1)【计数器】:用户可以添加一个计算用户输入字符数量的计数器,包括还可以输入多少字符的功能。可以选择【无】、【字符计数】和【其余字符】选项。

(2)【禁止额外字符】:禁止用户输入超过最大字符数的字符。

3. Spry 验证复选框

Spry 验证复选框是当用户勾选或取消勾选复选框时,显示合法或非法状态的复选框组的检查。如用户可以指定访问者选择 3 个项目,如果访问者没有做出这样的选择,将显示相应的提示信息。

验证复选框可以检测的常用状态有初始状态、必填状态,此外还包括有效状态、最小选择数字状态和最大选择数字状态等。其属性面板如图 8-25 所示,主要属性介绍如下。

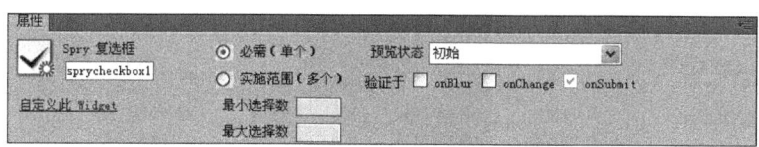

图 8-25　Spry 验证复选框属性面板

(1)【Spry 复选框】:设置 Spry 验证复选框的名称。

(2)【必需(单个)】:设置复选框为单一必选项目。

(3)【实施范围(多个)】:设置复选框为多个选择项目。

(4)【最小选择数】:设置复选框最小的选择数目。

(5)【最大选择数】:设置复选框最大的选择数目。

(6)【预览状态】:设置"初始"和"必填"两种状态,选择不同选项时,复选框外观会发生变化。

(7)【验证于】:设置在何种条件发生时检查表单。

• onBlur:用户单击复选框外侧时检查表单。

• onChange:用户改变复选框内容时检查表单。

• onSubmit:用户试图提交表单时检查表单。

4. Spry 验证选择

Spry 验证选择是当用户选择下拉菜单项目时判断其合法或不合法状态的功能。

验证选择可以检测的常用状态有初始状态、必填状态、有效状态、无效状态,此外还包括聚焦状态等。其属性面板如图 8-26 所示,主要属性介绍如下。

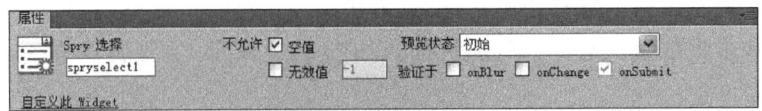

图 8-26   Spry 验证选择属性面板

（1）【Spry 选择】：设置 Spry 验证选择的名称。

（2）【不允许】：不允许"空值"或"无效值"。

（3）【预览状态】：可以设置"初始"、"必填"、"有效"和"无效"4 种状态，选择不同选项时，选项外观会发生变化。

（4）【验证于】：设置在何种条件发生时检查表单。

• onBlur：用户单击选项外侧时检查表单。

• onChange：用户改变选项内容时检查表单。

• onSubmit：用户试图提交表单时检查表单。

5. Spry 验证密码

Spry 验证密码构件是一个密码文本域，可用于强制执行密码规则（如字符的数目和类型）。该构件根据用户的输入提供警告或错误消息。

验证密码可以检测的多个常用状态有初始状态、必填状态和有效状态。其属性面板如图 8-27 所示，主要属性介绍如下。

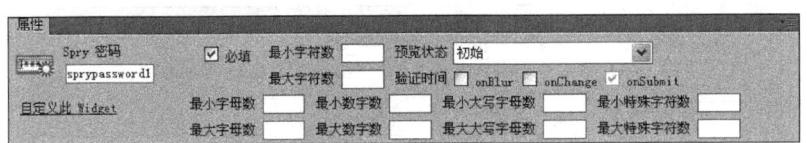

图 8-27   Spry 验证密码属性面板

（1）【Spry 密码】：设置 Spry 验证密码的名称。

（2）【必填】：设置密码框为必填项目。

（3）【最小字符数】/【最大字符数】：指定有效的密码所需的最小和最大字符数。

（4）【预览状态】：可以设置"初始"、"必填"、"有效"3 种状态，选择不同选项时，密码框外观会发生不同的变化。

（5）【验证时间】：设置在何种条件发生时检查表单。

• onBlur：用户单击密码框外侧时检查表单。

• onChange：用户改变密码框内容时检查表单。

• onSubmit：用户试图提交表单时检查表单。

（6）【最小字母数】/【最大字母数】：指定有效的密码所需的最小和最大字母（a、b、c 等）数。

（7）【最小数字数】/【最大数字数】：指定有效的密码所需的最小和最大数字（1、2、3 等）数。

（8）【最小大写字母数】/【最大大写字母数】：指定有效的密码所需的最小和最大大写字母（A、B、C 等）数。

（9）【最小特殊字符数】/【最大特殊字符数】：指定有效的密码所需的最小和最大特殊字符（!、@、♯等）数。

6. Spry 验证确认

Spry 验证确认构件是一个文本域或密码表单域，当用户输入的值与同一表单中类似域的值不匹配时，该构件将显示有效或无效状态。

验证确认可以检测的常用状态有初始状态、必填状态、无效状态、有效状态，其属性面板如图 8-28 所示，主要属性介绍如下。

图 8-28 Spry 验证确认属性面板

（1）【Spry 确认】：设置 Spry 验证确认的名称。

（2）【必填】：设置确认为必填项目。

（3）【预览状态】：可以设置"初始"、"必填"、"无效"、"有效"4 种状态，选择不同选项时，确认外观会发生不同的变化。

（4）【验证参照对象】：选择确认内容相同的参照对象。

（5）【验证时间】：设置在何种条件发生时检查表单。

• onBlur：用户单击确认外侧时检查表单。

• onChange：用户改变确认内容时检查表单。

• onSubmit：用户试图提交表单时检查表单。

7. Spry 验证单选按钮组

验证单选按钮组构件是一组单选按钮，可支持对所选内容进行验证，该构件可强制从组中选择一个单选按钮。

验证单选按钮组可以检测的常用状态有初始状态、必填状态。其属性面板如图 8-29 所示，主要属性介绍如下。

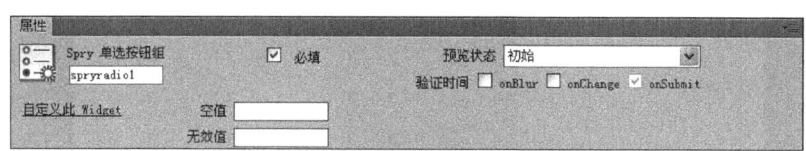

图 8-29 Spry 验证单选按钮组属性面板

（1）【Spry 单选按钮组】：设置 Spry 验证单选按钮组的名称。

（2）【必填】：设置单选按钮组为必填项目。

（3）【预览状态】：可以设置"初始"和"必填"两种状态，选择不同选项时，单选按钮外观会发生不同的变化。

（4）【空值】：若要创建显示空值的错误消息"可进行选择"的构件，可在【空值】文本框中输入 none。

（5）【无效值】：若要创建显示无效值的错误消息"可选择一个有效值"的构件，可在【无效值】文本框中输入 invalid。

（6）【验证时间】：设置在何种条件发生时检查表单。

- onBlur：用户单击单选按钮外侧时检查表单。
- onChange：用户改变单选按钮内容时检查表单。
- onSubmit：用户试图提交表单时检查表单。

 任 务 拓 展

（一）任务展示

现某公司要招聘职员，先在网上报名，要求求职者填写相关信息，本任务将制作一个网上报名页面，要实现的效果如图 8-30 所示。

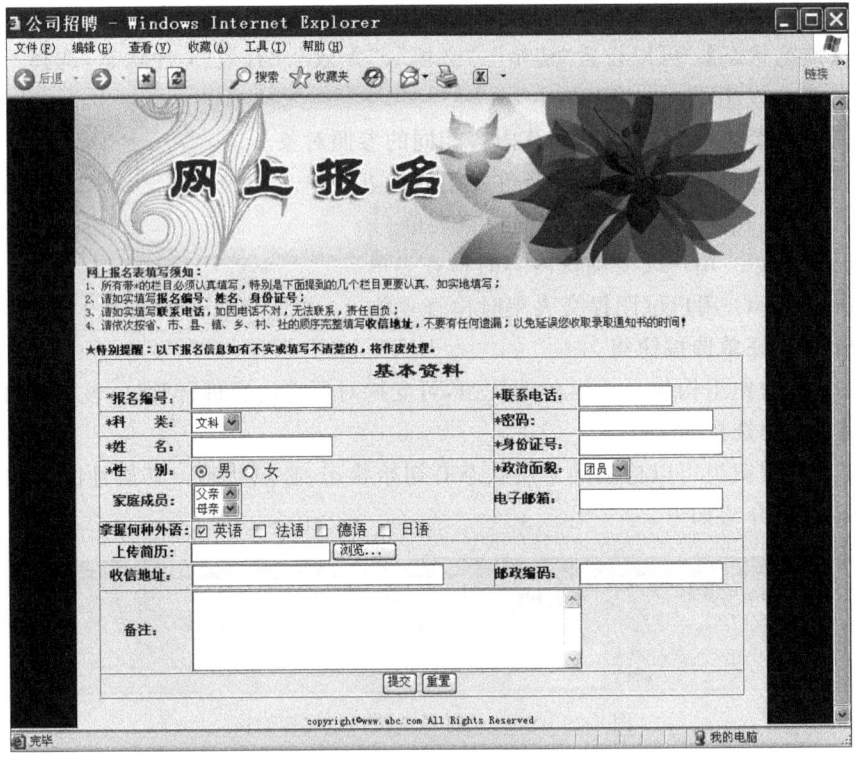

图 8-30　网页效果图

（二）制作要点提示

步骤一　创建站点并编辑站点首页

（1）创建一个本地站点名称为"网上报名"，存储目录为 E:\chapter8\web，并且新建一个子文件夹 images 来管理素材文件。

（2）新建一个网页，设置网页标题为"公司招聘"，保存网页文件，将其命名为"index.html"，设置背景颜色。

步骤二　插入表格和相应元素

（1）插入一个定位 4 行 1 列表格，表格宽度为 750 像素，边框粗细、单元格边距、单元格间距均为 0，其他为默认值。

（2）参考效果图，第一行插入 banner 图片。

（3）参考效果图，在第二行输入相应文字信息，并设置格式。

（4）在第四行输入版权信息。

步骤三　插入表单和表单元素

（1）将光标移到定位表格的第三行，插入一个表单。

（2）在表单内插入一个嵌套表格，利用表格排版布局页面。

（3）在表格的适当单元格中插入提示文本和表单元素。

保存文件，预览最终效果。

小　　结

本任务主要介绍了如何在网页中使用表单。表单是一种可以让用户输入各种数据的网页元素，主要用于搜集用户的各种信息，实现网页与用户的交互。为让用户方便地输入信息，表单提供了各种形式的表单元素，如文本域、复选框等。在插入这些元素时，必须首先插入表单元素，它相当于一个容器，在其中可以容纳其他表单元素。为了使各个元素整洁美观地放置在页面上，我们一般采用表格进行布局。通过本任务的学习，大家应该能够学会合理地使用各种表单元素。

练　　习

一、填空题

1. 在网页中搜集用户的信息可以采用_____。

2. 在注册页面中为了让用户输入密码，必须把文本域的类型设置为_____。

3. 选择（列表/菜单）的_____类型可以实现多项选择。

4. 为了让用户把文件上传到服务器，需采用_____表单元素。

二、选择题

1. 下面关于跳转菜单的说法错误的是（　　）。

　　A. 它是一个菜单对象与行为的结合产物

　　B. 跳转菜单用到了表单的处理

　　C. 不可以创建有按钮的跳转菜单

　　D. 使用跳转菜单可以制作网页的导航条

2. 下面哪种功能不属于文本框可以实现的？（　　）

　　A. 只能输入 E-mail 地址的地址框

B. 密码框

C. 单击【浏览】按钮在硬盘上寻找相应文件

D. 可输入大量文字的多行文本框

上 机 操 作

根据本任务的学习,自己设计一个网上调查页面,通过该页面搜集用户上网的情况。如用户年龄、性别、上网的时间、上网的形式、是否有自己的博客、经常登录的网站、用户的QQ号码、用户对网络是否满意等。要求能够用表格布局页面,适当插入图片美化页面。

提　高　篇

任务9

使用框架布局页面

　　框架是较早出现的 HTML 对象,我们学习的表格布局方式属于页面分割技术,它只是对一个网页的页面做了划分,在页面不同的位置放置不同的内容,但这些内容仍在同一个页面上。利用框架可以把浏览器窗口分成若干个区域,每一部分都相当于浏览器窗口的一个子窗口,每一个区域可以分别显示不同的网页,从而可以实现多个页面在浏览器中的同时显示。使用框架可以非常方便地完成导航工作,而且各个框架之间决不存在干扰问题。所以说框架应该算作是一种窗口的布局技术,它可以让网站的结构更清晰。

 任 务 描 述

　　现有一培训学校进行招生,要制作一个网站,能够详细介绍各个培训项目的基本情况,本任务完成的网页效果图如图 9-1 所示。

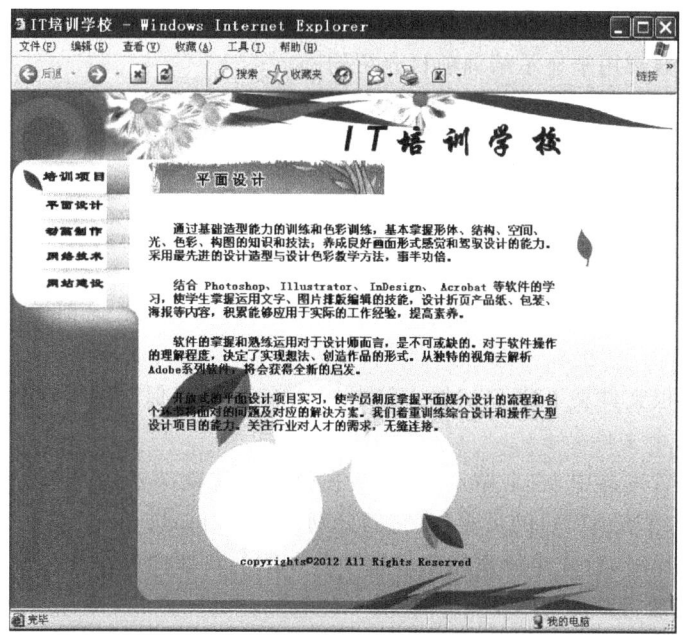

图 9-1　网页效果图

（1）能够理解框架的作用。

（2）能够合理使用框架划分窗口布局。

（3）能够明白框架和框架集的关系 。

（4）能在框架中创建编辑网页。

（5）能在框架中打开已有的网页进行编辑。

（6）能够正确保存框架和框架集。

（7）能够理解和编辑框架的属性。

本任务采用框架制作一个招生宣传网页,整个窗口的上部是 banner 条,形成一个独立页面,单独放在上部框架中显示,下部的左面是一个导航栏,也形成一个独立的页面,单独放在左侧框架中显示,通过单击导航栏中的培训项目链接,在右侧框架中显示各个培训项目的介绍,每个培训项目的介绍都单独制作成一个页面。因此在制作前,先分析好整个页面的布局结构,然后合理利用框架来实现这一结构。在制作过程中,我们通过插入框架来分割整个窗口,调整每个框架的大小使其符合布局要求。要完成的具体工作任务如下:

（1）制作一个框架网页,主题为"IT 培训学校";

（2）在上部框架中建立一个新网页,用来放置网站 banner 条;

（3）在左侧框架中建立一个新网页,用来放置导航栏;

（4）在右侧框架用来显示培训项目介绍的网页;

（5）保存框架页面。

步骤一　新建一个文件夹和网页

（1）启动 Dreamweaver CS6,创建一个本地站点名称为"IT 培训学校招生网",保存在 E:\chapter9。

（2）在站点根文件夹下建立一个子文件夹 images,用来保存图像素材(把要用的图像文件均复制到这个文件夹下)。

（3）在站点管理器中,右击站点根文件,在弹出的快捷菜单中选择【新建文件】命令,先来创建 4 个介绍培训项目的页面,将它们分别命名为"pmsj. html"、"dhzz. html"、"wljj. html"和"wzjs. html",这 4 个网页用来放置项目介绍的具体内容,如图 9-2 所示。

步骤二　创建框架网页

（1）选择菜单栏中的【文件】→【新建】命令,在站点根文件夹下创建一个基本 HTML 文件,设置其标题为"IT 培训网"。

图 9-2 制作培训项目介绍页面

(2)选择菜单栏中的【插入】→HTML→【框架】命令,弹出如图 9-3 所示的菜单,此菜单中有常用的框架布局模式,可以用来插入和拆分框架,形成需要的布局模式。如【左对齐】和【右对齐】是指创建一个包含左右两个框架的框架集,【对齐上缘】和【对齐下缘】是指创建包含上下两个框架的框架集等。本任务中需要 3 个框架,为此可以选择【上方及左侧嵌套】选项,会在页面上产生如图 9-4 所示的框架集结构,当出现给每个框架指定标题的对话框时,采用默认名称即可。此时,框架 leftframe 和 mainframe 形成了一个独立的框架集,即图 9-4 中的框架集二,该框架集和框架 topframe 又都位于框架集一中,也称框架集二嵌套在框架集一中。其关系如图 9-4 所示。

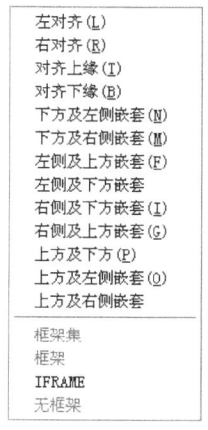

图 9-3 框架菜单

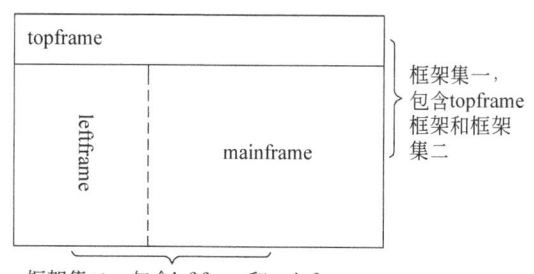

图 9-4 框架和框架集的包含关系

　　建立好的框架页面如图9-5所示。可以看到,整个编辑窗口被3个框架分成了3个子窗口,每个子窗口中都可以用来新建和编辑一个完整的页面,从而实现了多个页面的同时编辑和显示,这是框架的最大特点。根据规划,可以把不同的内容放置在不同框架中的页面上,来达到相应的布局效果,所以说它是一种窗口分割布局技术而不是页面分割布局技术。而表格则是页面布局技术,它把一个页面分成了不同的区块,在每个区块放置不同的内容,但所有的内容仍然在同一页面上。

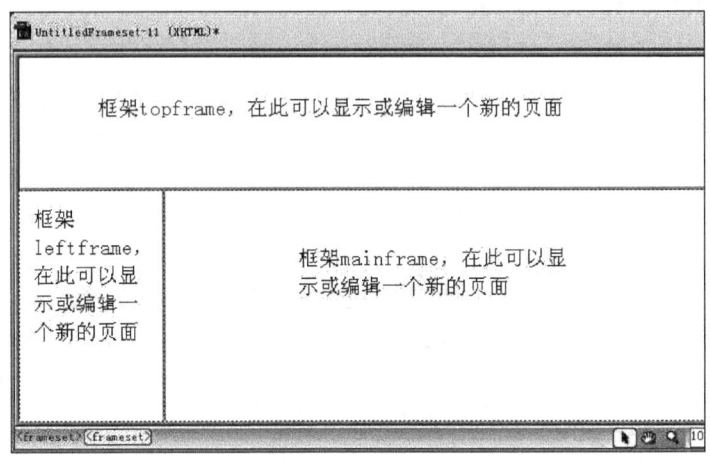

图9-5　被框架分割后的编辑窗口

步骤三　在每个框架窗口中创建和编辑网页

(1)我们先编辑上部子窗口,即名为topframe的框架中的页面。把光标定位在该框架中,选择菜单栏中的【修改】→【页面属性】命令,设置该框架中所编辑网页的相关页面属性,将左边距和上边距均设为0像素,如图9-6所示。然后在页面上插入一个1行1列800像素宽的表格,在单元格中插入所需图片。把鼠标移动到topframe框架的下边框处,当鼠标指针变成↕时上下拖动鼠标,调整框架的高度至95像素,使之刚好完整显示出图片,如图9-7所示。

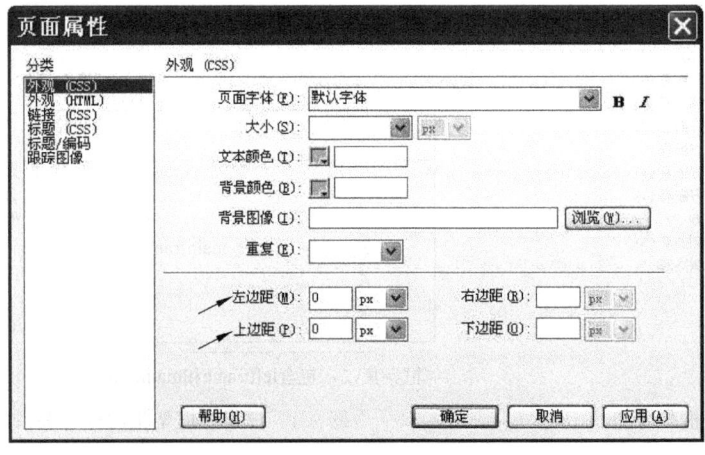

图9-6　调整【页面属性】

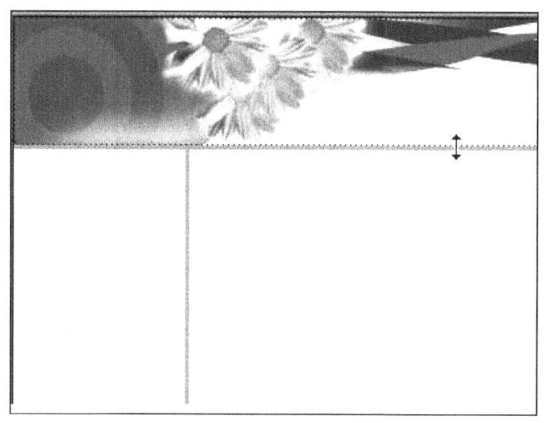

图 9-7　调整框架的高度

除了用鼠标拖动改变框架大小外，还可以精确控制框架的尺寸，为此，首先要选中框架所属的框架集，方法是打开【框架】面板（选择菜单栏中的【窗口】→【框架】命令即可打开），如图 9-8 所示，在上面单击代表框架集的边框。因为 topframe 属于框架集一，因此，单击最外侧代表框架集一的边框，边框变黑，表示选中了框架集，此时属性面板显示出框架集的属性，如图 9-9 所示。在属性面板的最右侧是该框架集的示意图，可以看到，该框架集由上下两个框架组成。现在要调整的是上部框架即 topframe 的高度，因此单击框架示意图中的上方框架。然后在行【值】文本框中输入95 像素，这样可以精确控制行高。

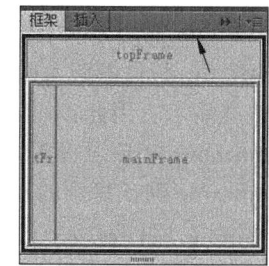

图 9-8　【框架】面板

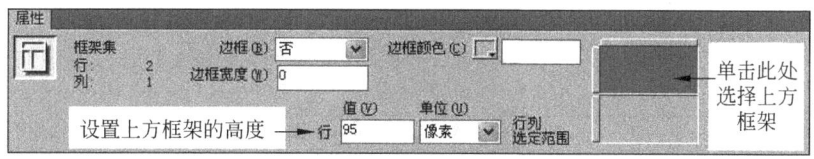

图 9-9　框架集的属性

框架集的其他属性说明如下。

① 【边框】：用来设置是否显示框架集中各框架的边框。

② 【边框颜色】和【边框宽度】：若显示边框，可以在此设置边框的颜色和宽度。

③ 【行/列】值：若是行则设置行高，若是列则设置列宽。

提示：【框架】面板给出了当前文档窗口的框架结构示意图，利用它，不但可以选择框架集，还可以选中框架，方法是直接在框架位置上单击。

（2）把光标定位在下部左侧框架 leftframe 中，编辑该框架中的页面。设置该框架中所编辑网页的页面属性，如图 9-6 所示，设置页边距。在页面中插入一个 6 行 1 列的表格，宽度为 156px，并在各单元格中插入相应的图片，制作导航，如图 9-10 所示。把鼠标移到框架边框处，调整框架的宽度为 156px，使其刚好显示表格，如图 9-11 所示。

图 9-10 制作导航   图 9-11 调整框架宽度

提示：也可以选中该框架所属的框架集，利用框架集的列属性精确控制框架的宽度，大家可以试一试。

（3）前面两个框架均是在里面直接创建编辑一个新网页，而对于 mainframe 框架，我们将用该框架显示培训项目内容，当网友单击左侧框架中导航条的不同项目时，mainframe 框架中将会显示不同的页面，也就是在第一步中制作好的 4 个页面，即 mainframe 框架不固定显示某个页面。如单击"平面设计"，则 mainframe 中就会将"pmsj.html"页面调入并显示，单击"动画制作"，则 mainframe 中就会将"dhzz.html"页面调入并显示。因此，本任务中不需要在 mainframe 中创建编辑新页面了。但这种情况下，mainframe 中必须设置一个默认显示的页面，即假如网友不在导航中做任何选择时，mainframe 默认显示的页面。这里将"pmsj.html"作为默认打开的页面。首先选中该框架，此时在属性面板中就会显示出该框架的属性，如图 9-12 所示，单击上面的 图标，在打开的对话框中选择我们创建好的网页"pmsj.html"，作为框架要显示的源文件，单击【确定】按钮后结果如图 9-13 所示。

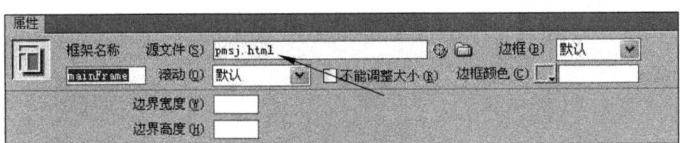

图 9-12 框架的属性

图 9-13 设置框架默认显示的文件

关于框架的属性说明如下。

①【框架名称】：用来给框架取一个名字，任务中采用了默认名称。

②【源文件】：用来设置框架中默认显示的网页文件。

③【滚动】：用来设置当显示的页面内容超过框架的大小时，是否显示滚动条。这里有 4 个选项，选择"自动"时，当内容超过框架大小时，将显示滚动条，否则不显示滚动条，选择"是"时，则无论内容多少都将显示滚动条。大家可以逐一设置，看看效果有何变化。

④【不能调整大小】：如果选择此项，则制作好的框架网页在浏览器中浏览时，用户不能手动改变这个框架的大小，反之则可以调整其大小。

⑤【边框】：用来设置是否显示框架的边框，有 3 个选项，"默认"是指由浏览器自动决定是否显示。

⑥【边界宽度】：用来设置框架中的内容与框架左右边框之间的距离。

⑦【边界高度】：用来设置框架中的内容与框架上下边框之间的距离。

（4）在进行下一步前，先来保存一下框架页面。刚才我们看到了，框架把整个编辑窗口分成了三部分，每一个框架都相当于一个子窗口，用来编辑显示一个完整的页面。因此在这个包含了 3 个框架的窗口中，实际上产生了 3 个网页文件，两个是在框架 topframe 和 leftframe 中新建立的页面，一个是在 mainframe 框架中显示的已经存在页面"pmsj.html"。因此除了"pmsj.html"外，前两个新文件都是需要保存的。另外还需要保存一个文件，这个文件用来存放各个框架的名称、结构、尺寸及布局等信息，我们称其为框架集文件。所以此时保存的不单单是一个文件，而是 3 个文件。为了保存所有的文件，选择【文件】→【保存全部】命令，这时整个窗口被虚线包围，系统首先会提示保存整个框架集文件，如图 9-14 所示，命名框架集文件为"index.html"。随后，系统将逐一保存其他两个在框架 topframe 和 leftframe 中新建立的页面，我们分别将这两个文件命名为"top.html"和

图 9-14　保存框架文件

"left.html",看看站点管理器中多了什么东西,如图 9-15 所示。

步骤四　完善导航条

mainframe 框架用来显示培训项目内容,当网友单击左侧框架中导航条的不同项目时,mainframe 框架中将会显示不同的页面。因此本环节我们来完善导航条,使得单击不同培训项目时,相关的介绍页面能够在 mainframe 中显示。在左侧框架中选中"平面设计"图片,如图 9-16 所示。制作图片超链接,链接到"pmsj.html"文件,目标为框架 mainframe,即单击该图片时,"pmsj.html"页面在 mainframe 中打开,如图 9-17 所示。其他导航图片的制作类似,此处不再赘述。

图 9-15　新增加的文件

图 9-16　选中图片

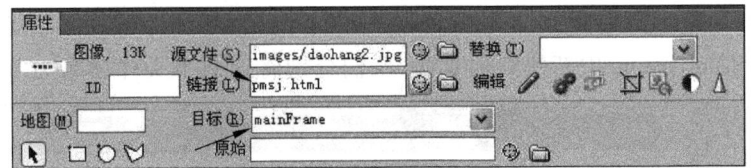

图 9-17　设置超链接及其目标

关于链接文件打开的目标需要补充的是,链接文件可以在 4 种目标窗口中打开,即 _blank、_top、_self、_parent、_new,现在由于有了框架,它把整个浏览器窗口又划分出了子窗口,页面可以在这些子窗口中打开,因此还可以选择任何一个子窗口(即框架)作为打开的目标。

知　识　链　接

(一) 框架和框架集的概念

框架是一种窗口分割布局技术,利用框架可以把窗口分成规划好的若干子窗口,每一个框架都相当于一个子窗口,我们可以在框架中编辑和显示一个完整的网页。不同框架中的网页不相干,根据整体规划,可以把不同的信息放置在不同框架中的页面上,从而实现想要的布局效果。每一个框架都属于某个框架集,可以把框架集中的一个框架拆分,来实现更多子窗口的划分,就像本任务一样,这其实是通过在框架集中不断地嵌套子框架集来实现的。

(二) 框架页面的创建

Dreamweaver 提供了各种样式的框架集模板,当这些基本的布局模板不能满足布局要求时,可以在按住 Alt 键的同时拖动框架边缘来进一步拆分框架,实现更灵活的框架划分。

(三) 内联框架

内联框架是一种比较特殊的框架形式,又叫浮动框架,采用它可以实现在一个网页文档的指定区域显示另一个网页的内容。比如在一个网页中采用表格布局,但要想在该表格的某个固定单元格中像框架一样显示出另一个网页的内容,可以在该单元格中插入一个内联框架,然后在内联框架中指定要显示的页面。

(四) 框架布局页面的特点

框架布局大多用在这样一种情况下,整个显示内容中的某些部分每次都一样,比如导航条、标题等,而另一部分则根据浏览者的单击会发生变化,比如章节内容等。我们的任务就是这样一个典型的案例。我们把每次显示时不变化的内容制作成一个网页(如导航条),放在一个框架中,而经常变化的章节内容则制作成独立的网页放在另一个框架中显示。这样做的好处有两个:一是浏览器不需要为每个页面重新加载与导航相关的图形,减少了网络流量;二是每个框架都具有自己的滚动条(如果内容太大,在窗口中显示不下),访问者可以独立滚动这些框架。

当然,可以采用表格或层来实现同样的布局效果,但由于表格或层只是进行了页面的分割,它把一个页面分成几个区块,因此导航条和导航内容实际上位于同一个网页上,这就导致必须为每个含有导航内容的网页都放置一个导航条,每次页面更新时,导航条都会随内容一起重新下载。但框架也有它的缺点,如难以实现不同框架中各元素的精确图形对齐等。

(一) 任务展示

现有一音乐网站,又推出了一个新的模块,需要制作网页来对当前流行的歌曲做相关介绍,本任务要完成的页面效果图如图 9-18 所示。

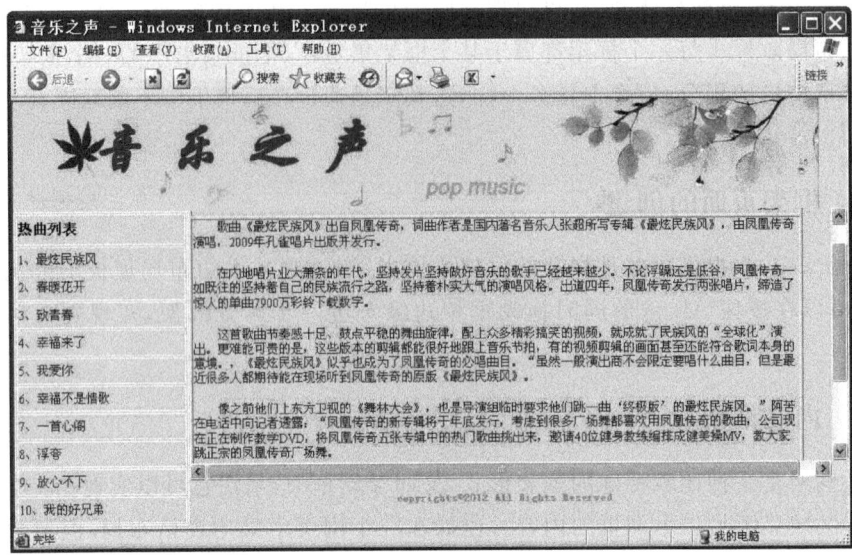

图 9-18   页面效果图

（二）制作要点提示

（1）建立页面框架页面文件"index. html"。

（2）设置如图 9-18 所示的 4 个框架：上方框架是 banner 图，左方框架是"热曲列表"，右方的上方为主框架是"歌曲介绍"，下方框架是版权信息。

（3）制作左侧列表歌曲的相关介绍页面，当单击左侧歌曲名称时，能够在右侧主框架中显示相关介绍。

（4）插入相应图片、设置文本。

（5）保存所有的文件。

小   结

框架是除表格和 Div 之外的又一种布局技术，框架和表格的最大区别在于，它实际上是一种窗口布局技术。我们可以按照事先的规划，利用框架划分子窗口，在每一个子窗口中显示不同内容的页面，达到布局效果。框架多用于这样一种情况，页面中部分内容静止不变，而另一部分内容会随浏览者的选择发生变化。每一个框架都属于某个框架集，框架集可以嵌套，正是利用框架集的嵌套，才实现了多个子窗口的划分。

练   习

一、填空题

1. 每一个框架都属于某个_____。

2. Dreamweaver 共提供了_____种框架集模板供用户选择。

3. 子窗口的不断划分是利用框架集的＿＿＿＿＿＿＿实现的。

4. 保存含有框架集的页面,首先会保存＿＿＿＿＿＿＿文件。

二、选择题

1. 在 Dreamweaver 中,要将子框架显示成为一个整体,下面设置说法正确的是(　　　)。

　　A. 框架的边界设置为 0

　　B. 把导航中的元素设置成相对位置

　　C. 滚动条尽量只出现在非主框架

　　D. 以上三种说法都不正确

2. 在 Dreamweaver 中,设置子框架属性时,要使内容无论如何都不出现滚动条时需要(　　　)。

　　A. 设置分框架属性时,将"滚动"的属性设置为"默认"

　　B. 设置分框架属性时,将"滚动"的属性设置为"是"

　　C. 设置分框架属性时,将"滚动"的属性设置为"否"

　　D. 设置分框架属性时,将"滚动"的属性设置为"自动"

上 机 操 作

试着修改本任务,把 topframe 加上边框,且能够调整该框架的大小,给 leftframe 加上滚动条,让 mainframe 无论在何种情况下,都显示滚动条。

任务10

编写HTML代码创建网页

经过前面的学习,我们已经能够利用 Dreamweaver 建立网页,并能使用菜单命令和工具栏按钮插入各种元素,如文本、图像、表格、多媒体甚至框架等。正是 Dreamweaver 的这种方便易学的操作,以及它所见即所得的编辑界面,使我们能够很容易地建立起一个图文并茂的网页。但必须知道的是,在这些简单操作的背后,Dreamweaver 为我们做了大量的幕后工作,它将我们的网页最终保存成了一个扩展名为 .html 的文本文件,该文件是用特定的语言规则编写而成的,这种语言叫作 HTML 语言,它的中文名称是超文本标记语言。本任务将直接利用 HTML 语言自己编写代码创建网页。

 任 务 描 述

本任务完成的网页效果如图 10-1 所示。

图 10-1　网页效果图

（1）能够掌握网页的文档结构。

（2）能够知道和使用常见的 HTML 标签。

（3）能够使用 Dreamweaver 的代码编辑窗口编辑网页源代码。

任务分析

前面说过，网页文档本质上是由 HTML 语言编写成的一种文本文件，我们也把构成一个网页的 HTML 语言代码叫作该网页的源代码（或源文件）。HTML 语言中包含了大量的标签（也叫标记），这是 HTML 的核心，正是通过这些标签，我们可以在网页中插入各种元素，如文本、图像、表格、超链接等，并且可以通过设置这些标签的属性修饰这些元素的外观样式。本任务将带领大家认识标签，并使用标签插入各种元素实现网页的设计。大家或许会问，既然网页是用 HTML 语言编写的文本文件，是否可以使用任意一种文本编辑软件来编写网页？的确如此，设计网页不是 Dreamweaver 的专利，在 Word 中，甚至在 Windows 的记事本中，都可以通过直接编写 HTML 代码的方式来创建网页。但本任务的制作仍然使用 Dreamweaver，原因是它给我们提供了专业的 HTML 代码编辑窗口，为我们直接通过输入代码的方式创建网页提供了方便。本任务中要完成的具体工作如下。

（1）新建一个空白网页 index.html，并将编辑窗口切换到代码模式；

（2）设置网页的标题为"求职"；

（3）利用<h1>插入标题文本；

（4）利用<p>插入段落文本；

（5）利用<img>插入图片；

（6）利用<table>插入表格；

（7）利用<form>插入表单；

（8）用<a>制作超链接。

实施步骤

步骤一　新建一个文件夹和网页

（1）启动 Dreamweaver CS6，创建一个本地站点名称为"会员注册"，保存在 E:\chapter10 下。

（2）在站点根文件夹下建立一个子文件夹 images，用来保存图像素材（把要用的图像文件均复制到这个文件夹下）。

（3）在站点根文件夹下创建一个空白的基本 HTML 文件，将该文件以"index.html"为名保存。

（4）把编辑窗口从【设计】模式切换到【代码】模式，如图 10-2 所示。此时，编辑窗口中显示的是这个网页的源代码，我们就是在此进行 HTML 代码的输入，完成网页的制作。大家可以看到，这里已经有了很多代码，都是一些带有尖括号的字母，如＜html＞、＜head＞、＜body＞ 等，这些就是 HTML 标签。另外，标签一般都成对出现，有一个起始标签就有一个结束标签，如＜html＞就是一个起始标签，它对应着一个结束标签＜/html＞。

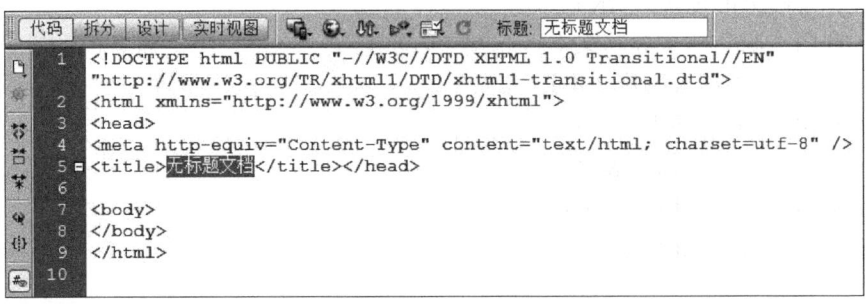

图 10-2　网页的代码编辑模式

图 10-2 中所示的这些标签代码是任何一个网页都要有的，它们构成一个网页文档的基本结构。到目前为止，虽然我们没有做任何代码输入工作，Dreamweaver 自动给我们加上了这些基本代码，减少了我们代码的输入量，这就是该软件专业性的一个体现。

在代码编辑模式下通过输入代码制作网页，不能所见即所得地看到网页效果，必须将编辑窗口从编辑模式切换到设计模式下，为了减少切换的麻烦，也可以将编辑窗口切换为拆分模式，即在编辑窗口中同时有代码模式和设计模式，左侧是代码编辑模式窗口，可以直接编辑代码，右侧是设计模式窗口，能实时地看到设计效果，如图 10-3 所示。

```
代码  拆分  设计  实时视图            标题: 无标题文档
1   <!DOCTYPE html PUBLIC "-//W3C//DTD XHTML 1.0 Transitional//EN"
    "http://www.w3.org/TR/xhtml1/DTD/xhtml1-transitional.dtd">
2   <html xmlns="http://www.w3.org/1999/xhtml">
3   <head>
4   <meta http-equiv="Content-Type" content="text/html; charset=utf-8" />
5   <title>无标题文档</title></head>
6
7   <body>
8   </body>
9   </html>
10
```

图 10-3　网页的拆分编辑模式

（5）修改网页标题，方法是在标签＜title＞＜/title＞中，将"无标题文档"改为"会员注册"，即"＜title＞会员注册＜/title＞"。所以该标签是用来定义网页标题的，这样做和我们以前在工具栏标题文本框中直接修改是一样的。然后预览网页效果。

步骤二　插入网页内容标题文本

所有在浏览器中显示的内容都要放在＜body＞＜/body＞标签间，由于目前该标签间没有任何内容，因此右侧设计模式中显示的页面还是一片空白。接下来将需要显示的各种网页元素都插入到该标签之间。

（1）HTML 提供了一种标签＜h1＞＜/h1＞，它一般用来使其包括的文本加大加黑显示，用作标题。我们将用它在网页中插入一个标题文本。代码如下：

```
<body><h1 align="center">会员注册系统</h1></body>
```

其中"align"是该标签的一个属性，用来设置所插入标题文本的对齐方式，这里设置的是居中对齐。保存并预览。

（2）HTML 提供了一种标签＜p＞＜/p＞，它可以将文本自动分成几个段落，段与段之间有一个空行。现在用该标签在网页中放上一个段落文本。代码如下：

```
<body><h1 align="center">会员注册</h1>
<p>为了方便大家加入我们俱乐部，特开通网络注册系统，您在报名注册后，我们会在审核基本信
息后尽快给您回复。</p></body>
```

保存并预览。

（3）接下来，在刚才插入的段落文本的前面插入一幅图片装饰网页。HTML 中用来插入图片的标签是＜img＞，需要注意的是，该标签是一个单标签，没有结束标签。代码如下：

```
<body><h1 align="center">会员注册</h1>
<p><img src="images/01.gif" >为了更好地方便大家加入我们俱乐部，特开通网络注册系
统，您在报名注册后，我们会在审核基本信息后尽快给您回复。</p></body>
```

其中"src"是该标签的属性，用来指明所插入图片在机器上存放的位置和文件名，当前插入的是站点中 images 文件夹下的名为 01.gif 的图片。此时编辑界面如图 10-4 所示，请大家对比代码和页面效果，体会各标签及其属性的功能。

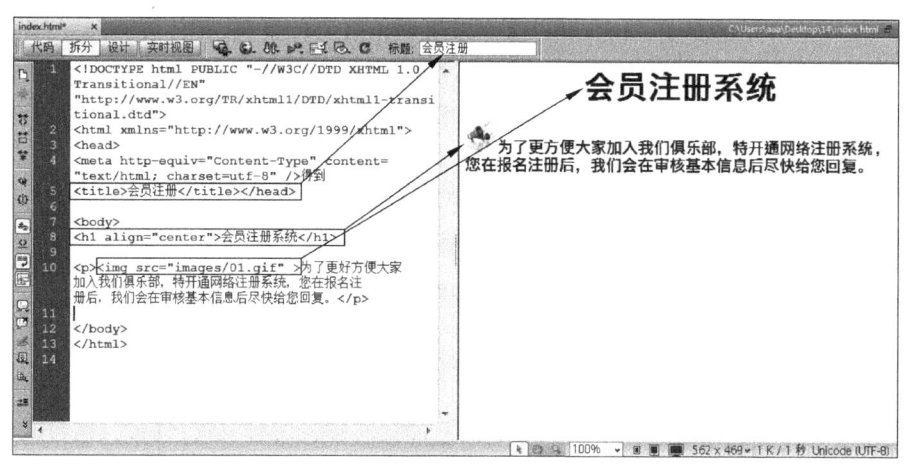

图 10-4 插入网页元素的对比效果

保存并预览。

提示：有时这种单标签也写成＜img/＞，Dreamweaver 就采用了这种写法。

（4）下面来插入表格。HTML 用标签＜table＞＜/table＞来表示表格元素，但这是表格的一个总标签，每个表格都有行，每行还有单元格，因此 HTML 还规定了定义行的

标签＜tr＞＜/tr＞,以及定义单元格的标签＜td＞＜/td＞。定义表格先要写上总标签
＜table＞＜/table＞,然后在该标签内用＜tr＞＜/tr＞依次插入行,最后在行标签内依次
插入单元格＜td＞＜/td＞。将光标定位在段落结束标签＜/p＞的后面,输入如下代码:

```
1  <table width="600" height="320" border="1" align="center" cellpadding="0"
   cellspacing="0"  >
2  <tr>
3  <td height="36"  align="center"></td>
4  <td height="36"  align="center"></td>
5  </tr>
6  <tr>
7  <td width="157" height="49" valign="top" ></td>
8  <td width="437" height="49" align="center" bgcolor="#CCFFCC"></td>
9  </tr>
10 <tr>
11 <td height="233" ></td>
12 <td height="233" ></td>
13 </tr>
14 </table>
```

所绘制的单元格如图 10-5 所示,是一个 3 行 2 列的表格。第 1 和 14 行代码是表格
的总标签,它用若干个属性指明了所建立表格的样式,"width"属性是表格的宽度,
"height"是表格的高度,"align"属性是表格的对齐方式,"border"是表格边框的宽度,
"cellpadding"是填充宽度,"cellspacing"是边距宽度。第 2 和 5 行代码定义表格的第一
行。第 3 行代码定义了第一行中的第一个单元格,第 4 行代码定义了第一行中的第二个
单元格,该标签也有若干属性,指明了单元格的样式,如"width"属性是单元格的宽度,
"height"属性是单元格高度,"bgcolor"属性指明单元格的背景色,其他属性和＜table＞类
似。第 6 和 9 行代码定义表格的第二行。第 7 行代码定义表格第二行中的第一个单元
格,其中"valign"属性表明单元格中内容在垂直方向上对齐方式,当前设置的值为"top",
意为顶端对齐。第 8 行代码定义表格第二行中的第二个单元格。第 10、第 13 行代码定
义表格的第三行。第 11 行代码定义第三行中第一个单元格,第 12 行代码定义第三行中
第二个单元格,请对照代码和图 10-5 分析表格标签和属性的意义。

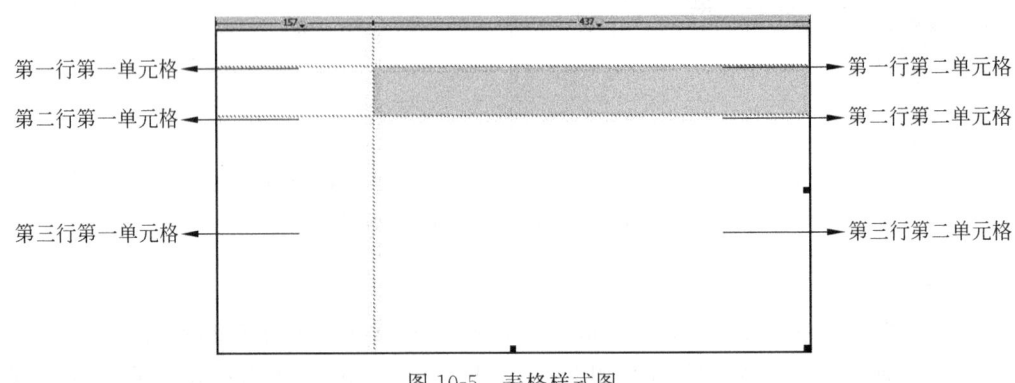

图 10-5　表格样式图

（5）虽然看起来代码很多且难以记忆，但 Dreamweaver 专业的代码编辑环境为我们提供了方便快捷的代码输入方式，在输入各种标签及其属性时，它会弹出下拉菜单，提示标签和属性的名字，这大大简化了对各类标签代码的记忆，并且也可以通过直接选择的方式输入代码，这是普通文本编辑软件所没有的。如输入＜table＞标签，只要输入"＜t"，系统会自动弹出以"t"开头的标签，我们只需选择即可，如图 10-6 所示。标签属性的输入方式类似，如图 10-7 所示。

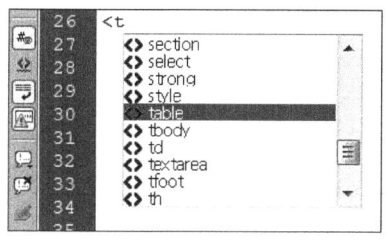

图 10-6　标签的输入

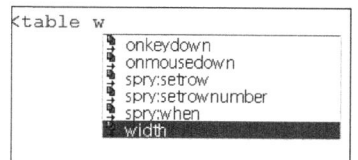

图 10-7　标签属性的输入

（6）现在继续编辑代码，将第一行的两个单元格合并，并在其中插入一幅图片，将第二行第一个单元格和第三行第一个单元格合并。此时整个表格的定义代码如下：

```
1  <table width="600" height="402" border="1" align="center" cellpadding="0"
   cellspacing="0"  >
2  <tr>
3  <td height="36" colspan="2"  align="center">
4  <img src="images/banner.jpg" width="600" height="95" /></td>
5  </tr>
6  <tr>
7  <td width="157" rowspan="2" valign="top" >
8  <p>特别提示：</p>
9  <p>1 所填写信息必须真实。</p>
10 <p>2 提交后一定及时查看回复通知。</p>
11 </td>
12 <td width="437" height="70" align="center" bgcolor="#CCFFCC">请输入注册信息
   </td>
13 </tr>
14 <tr>
15 <td height="233" valign="top" ></td>
16 </tr>
17 </table>
```

请仔细比较该段代码与前面第 4 步代码的异同。在第一行第一个单元格定义中增加了一个"colspan"属性，其值为 2，这使得第一个单元格可以横跨两列，同时去掉了第一行第二个单元格定义代码，这两个改动效果就是合并第一行的两个单元格。该段代码的第 4 行用到了前面讲过的插入图片标签＜img＞，该标签放在了＜td＞与＜/td＞之间，即在该单元格中插入图片。第 7 行代码中，单元格标签中增加了一个"rowspan"属性，其值为"2"，这样使得第二行第一个单元格可以纵跨两行，同时去掉了前面第 4 步代码中关于第三行第一个单元格的定义，这两个改动效果就是将第二行第一个单元格与第三行第一个单元格合并。若要在单元格中输入文本,直接在定义单元格的标签<td>与</td>中输入即可,第8、第9、第10行即为在相应的单元格中插入几个段落文本。预览网页看看效果如何。

(7)下面将在第三行唯一的单元格中插入一个表单。HTML中定义表单的标签是<form></form>,该标签也是一个总标签,表单内部有很多元素,如文本框、按钮、复选框等,因此HTML还有专门定义这些元素的标签。下面是表单部分的定义代码:

```
1   <form id="form1" name="form1" method="post" action="">
2   <p>姓名:<input type="text" name="textfield" /><br />
3     性别:<input type="radio" name="xb" value="1" />男
4     <input type="radio" name="xb" value="2" />女<br />
5     爱好:<input type="checkbox" name="ah1" value="1" />游泳
6     <input type="checkbox" name="ah2" value="2" />打球 <br />
7     专业:
8     <select name="xl">
9       <option>计算机</option>
10      <option>机电</option>
11      <option>外语</option>
12     </select>
13     <br />
14     留言:<textarea name="textarea"></textarea>
15     <br />
16     <input type="submit" name="Submit" value="提交" />
17   </p>
18  </form>
```

<form>标签有很多属性,其中"name"用来设置表单的名字,"method"用来设置表单中的数据送给服务器的方式。HTML将<input>标签规定成了一个多功能标签,该标签有一个"type"属性,通过设置该属性,可用它插入文本框、单选按钮、复选框等不同的表单元素,"value"属性是该标签传给服务器的值,该标签是单标签,也可以写成<input/>的形式。其中第2行代码插入了一个文本框,此时type="text",标签
代表的是回车换行。第3、第4行当"type="radio""时插入的是单选框按钮组,用来选择性别。第5、第6行当"type="checkbox""时插入的是复选框。第16行当"type="submit ""时插入的是提交按钮。第8、第12行是HTML的<select></select>标签,用来插入一个下拉菜单元素,菜单中的每一项需要用<option></option>标签来定义。第14行标签<textarea></textarea>用来插入一个文本区域。大家可能发现有一个标签不断出现,就是单标签
或
,它是一个换行符标签,用来另起一行。保存并预览。

(8)最后插入3个超链接,两个文本式链接,一个图像式链接,HTML语言用来定义超链接的标签是<a></a>。将光标定位在表单结束标签</form>的后面,输入如下代码:

```
1 <p align="center"><a href="#" target="_blank">俱乐部教练介绍</a>
2 <a href="#" target="_blank">训练时间安排表</a>
3 <a href="mailto:zx@163.com"><img src="images/02.gif" /></a></p>
```

　　我们将3个超链接放在了一个段落中,因此在3个超链接周围放上了段落标签<p></p>,其中属性"align="center""使得该段落居中放置。第1、第2行代码中<a></a>标签定义了两个文本式超链接,文本放在标签中间,该标签的"href"属性用来指明要链接的文件的位置和名称,这里做了一个空链接,"target"属性指明用来打开链接文件的目标窗口。第3行代码定义的是图像式超链接,图像用<img>标签插入,放在<a>和</a>中间。该链接是一个电子邮件链接 ,其"href"属性值是一个电子邮件地址。

步骤三　保存文件,预览最终效果

知 识 链 接

(一) HTML 语言的基本语法知识

　　通过上面的任务,我们应该对 HTML 有了一个基本的认识,它包含了大量的标签,每个标签都有一定的意义,我们使用这些标签来定义和标记网页文档的功能和信息。标签不在网页浏览器中显示,它们仅用来描述那些需要显示的信息的格式,如文本元素以何种字体和颜色显示,是否居中对齐,是否是超链接等。当用户浏览网页时,浏览器会自动解释这些标签,并按照标签指定的样式显示它所标记的信息,如当浏览器碰到<h1></h1>时,就会将里面的字体加黑加粗显示,碰到<table></table>时就会画一个表格。

　　HTML 的标签都由尖括号括着标签名构成,标签字母不分大小写。标签按照是否成对出现,可以分成单标签和双标签。标签都有若干个属性,用来具体定义所描述信息的样式,当然属性也可以省略,此时会按照默认的样式显示。标签的基本书写格式为:

单标签: <标签名　属性1=值　属性2=值 ……>或<标签名　属性1=值　属性2=值 ……/>
双标签: <标签名　属性1=值　属性2=值 ……>内容</标签名>

　　标签可以嵌套使用,比如<a><img></a>,<td><form>…</form></td>等,来达到不同的功能和样式需求。

　　提示:标签在有的书籍上也被称为标记,本书都将其称为标签。

(二) 网页文档的基本结构

　　网页文档是由 HTML 标签及其所描述的各种元素构成,因此也把网页文档叫作HTML 文档,或者超文本文档。在本任务的一开始就提到过,有几个标签是任何网页文档都有的,下面来说明一下这几个标签。

　　1. **<html></html>**

　　该标签在文档中最先出现,它是创建 HTML 文档最基本的标签,浏览器只有遇到这个标签时,才会按照 HTML 的标准解释后面的内容,直至遇到结束标签</html>。页面中其他的文本和标签都要包含在这对标签中。其格式如下:

```
<html>
...
```

```
文件的全部内容
…
</html>
```

2. ＜head＞＜/head＞

它叫作文档头标签,紧跟在＜html＞后面,网页的标题标签＜title＞就放在里面,并且除了该标签所标记的标题外,＜head＞中的其他内容均不显示在浏览器上。在文档头标签中,除了＜title＞外通常还有一个＜meta＞标签,该标签用来设置网页文档的类型及所采用的语言字符集,比如＜meta http-equiv＝"Content-Type" content＝"text/html; charset＝gb2312"＞,指该文件是 HTML 文档,采用国标 2312 字符集,通过这个标签,浏览器就会按照合适的格式显示。

3. ＜body＞＜/body＞

该标签也放在＜html＞＜/html＞中,紧跟在＜head＞＜/head＞之后,网页中要显示的主体内容都放在里面,可以称其为文档体标签。该标签有很多属性,可以设置整个网页的显示格式,如"bgcolor"设置页面背景色,"text"设置网页中文字的颜色,"topmargin"设置页面上边距,"leftmargin"设置页面左边距等。

以上 3 个标签共同构成一个网页文档的基本结构:

```
<html>
<head>
文档头部分
</head>
<body>
文档体部分
</body>
</html>
```

我们用 Dreamweaver 编写代码时,这个结构会自动给我们建好,而如果要用记事本之类的编辑软件,则必须自己输入这些基本的标签,建立起网页文档的基本结构。

(三) HTML 中的其他主要标签介绍

除了在任务中用到的几个标签外,再来介绍几个常用的标签。

1. ＜font＞＜/font＞

这是一对很有用的标签,可以对输出文本的字体大小、颜色进行随意改变,这些改变主要是通过它的两个属性"size"和"color"实现的。如让文本以红色 10 号字显示:＜font size＝"10" color＝"red"＞红色字＜/font＞。

2. ＜ul＞＜/ul＞

该标签用于将文本以无序列表的形式显示,每一列表项前有一个特定符号,该标签是一个总标签,每一列表项前还要有一个＜li＞标签。如下左边是代码,右边是效果图:

```
<ul>
    <li>计算机基础              • 计算机基础
    <li>高级语言程序设计        • 高级语言程序设计
```

```
        <li>微机原理                • 微机原理
<ul>
```

3. <ol></ol>

该标签用于将文本以有序列表的形式显示,列表项前是有序的数字符号,该标签是一个总标签,每一列表项前还要有一个<li>标签。如下左边是代码,右边是效果图:

```
<ol>
        <li> 计算机基础             • 计算机基础
        <li> 高级语言程序设计        • 高级语言程序设计
        <li> 微机原理               • 微机原理
<ol>
```

4. <frameset></frameset>

大家还记得框架集吗?框架集就是用这个标签定义的,在框架集标签内部还有<frame>标签用来指明框架集中的每一个框架。示例代码如下:

```
1  < frameset rows="80, * " frameborder="no" border="0" framespacing="0">
2  < frame src="1.html"name="topFrame" scrolling="No" noresize="noresize"
   id="topFrame" >
3  < frameset cols="80, * " frameborder="NO" border="0" framespacing="0">
4  < frame   src="2.html " name="leftFrame" scrolling="NO" noresize>
5  < frame src="3.html" name="mainFrame" id="mainFrame" >
6  </ frameset>
7  </ frameset>
```

第 1～第 7 行建立了一个框架集,其"rows"属性值为"80, * ",指明该框架集由上下两个框架组成,上面的框架高度为 80,下面的框架高度默认,因此可以看出,框架集的"rows"属性能决定横向框架的数量和高度,如要建立上中下 3 个框架的框架集,高度分别为 80,100 和任意,则可以写成"rows＝"80,100, * ""。第 2 行代码用<frame>定义了该框架集中上侧的框架,其"src"属性指明该框架中所显示的网页在计算机上保存的位置和名称,"name"属性指明框架的名称为"topframe","scrolling"属性指明框架是否有滚动条,"noresize"属性指明是否可以改变大小。第 3～第 6 行在该框架集的下侧框架中定义了一个子框架集,也就是嵌套了一个框架集,该子框架集的"cols"属性为"80, * ",指明它由左右两个子框架构成,左侧宽度为 80,右侧宽度默认,因此可以看出,框架集的"cols"属性能决定纵向框架的数量和宽度。第 4、第 5 行代码定义了该子框架集中的两个子框架。效果如图 10-8 所示。

(四)利用好 Dreamweaver 在编写代码中的方便功能

我们说过,完全可以采用记事本之类的普通文本编辑器编写代码创建网页,但即使如此,最好也采用 Dreamweaver。因为该软件为喜欢编写代码的人提供了专业的编辑器,本任务中我们应该能体会到这一点,它不但为我们自动插入基本标签,创建好了文档的结构,在输入其他标签及标签的属性时,它会弹出下拉菜单,提示标签和属性的名字,也可以通过直接选择的方式输入代码,这是普通文本编辑软件所没有的。

topframe	
leftf-rame	mainframe

图 10-8　创建的框架

另外,有了 HTML 的基本知识后,现在也可以通过直接选择标签的方式选择网页中的元素。比如要想选择某个单元格,直接在 Dreamweaver 编辑窗口的下方网页标签栏中,单击定义该单元格的标签<td>,如图 10-9 所示,这样操作会很方便。

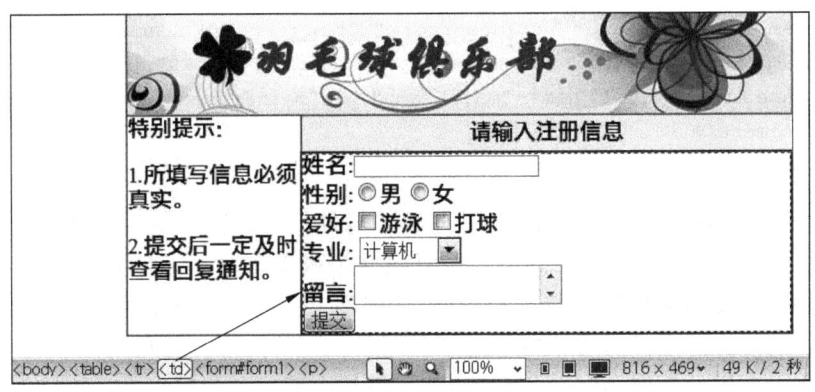

图 10-9　标签栏的使用

任务拓展

(一) 任务展示

现需制作网页在网络上公示该俱乐部的具体活动时间安排,以便客户有所选择,本任务要完成的页面效果如图 10-10 所示。

(二) 制作要点提示

(1) 建立页面文件"index. html"。

(2) 用标签<h1>建立标题文本。

(3) 用标签<ol>制作列表文本。

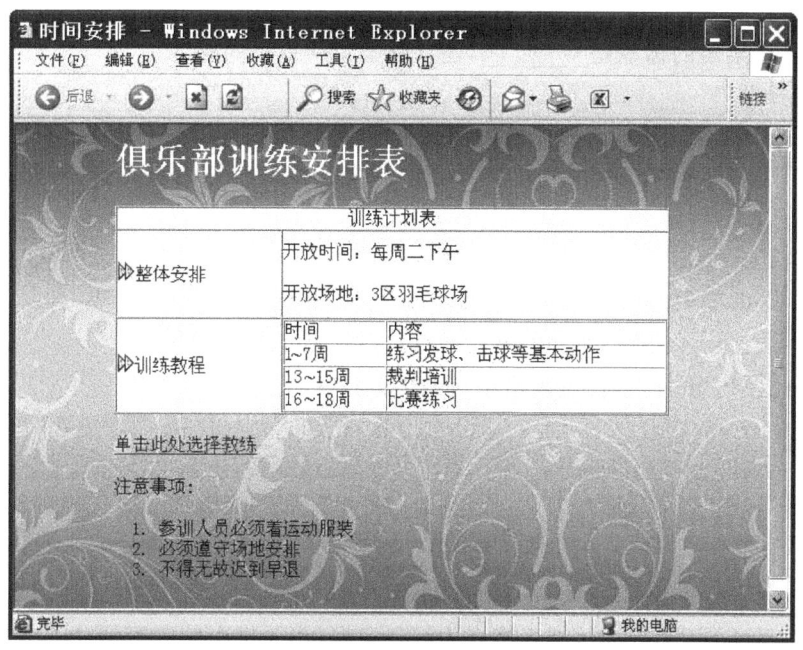

图 10-10　网页效果图

（4）插入＜table＞制作表格，表格的嵌套。

（5）在单元格中用＜img＞插入图像。

（6）用超级链接标签＜a＞＜/a＞制作超链接。

小　　结

网页本质上是由 HTML 语言所编写的文本文档。本任务中我们学习了该语言的基本语法知识，认识了一些常用标签，并对网页文档的基本结构作了阐述。标签是 HTML 的核心内容，利用标签能够在网页中插入各种元素。标签有很多属性，通过控制其属性，可以改变元素的样式。在编写代码制作网页时，Dreamweaver 也为用户提供了极大地方便，它智能化的弹出式菜单相当人性化，既便于输入标签和属性，又便于用户记忆。

练　　习

一、填空题

1. 网页的实质是用 HTML 语言编写的_____文档。

2. 网页文档中文档头标签是_____，文档体标签是_____。

3. ＜td＞的_____属性用来设置其中的文本居中，_____用于属性设置表格宽度。

4. ＜title＞标签包含在_____标签中，它用来设置网页的_____。

5. 超链接标签是_____,它的_____属性用来设置链接的文件。

6. 建立框架集的标签是_____,建立框架集中框架的标签是_____。

二、选择题

1. 在 HTML 语言中,设置段落的标记是(　　)。

 A. ＜p＞＜/p＞   B. ＜div＞＜/div＞

 C. ＜u＞＜/u＞   D. ＜b＞＜/b＞

2. 下面(　　)不是层的标记。

 A. ＜div＞＜div＞   B. ＜span＞＜/span＞

 C. ＜td＞＜/td＞   D. ＜layer＞＜/layer＞

3. 在 HTML 语言中,设置表格中行的标记是(　　)。

 A. ＜tr＞＜/tr＞   B. ＜td＞＜/td＞

 C. ＜table＞＜/table＞   D. ＜th＞＜/th＞

上 机 操 作

1. 试修改本任务的代码,把表格设为红色边框,单元格中的内容居中对齐,字体均设为黑体。

2. 试修改本拓展任务的代码,把页边距置 0,背景色为蓝色,增大单元格的填充距离。

任务11

利用CSS美化页面

　　CSS 的中文名称是层叠样式表，该技术能够实现网页样式的设置。HTML 语言是用来编写网页的，它有各种各样的标签（也叫标记），利用这些标签可以在网页中放置各种元素，如文本、图像、表格等，并且可以通过标签的属性设置这些元素的样式，但毕竟 HTML 所设置的样式十分有限，已经不能满足网页开发的需要。CSS 正是为了弥补 HTML 的这种不足而产生的，利用它能够实现很多 HTML 所不能实现的样式效果。其实，在 Dreamweaver 中对元素样式的设置，大部分默认采用的就是 CSS 方式。如任务 3 中文本元素样式的设置，字体、字号及颜色等，都是通过 CSS 样式表的方式进行设置的。本任务将学习 CSS 在网页设计中的应用方式和特点，共涉及 3 个子项目。

一、子任务 1——重新定义 HTML 标签

 任 务 描 述

　　本任务完成的网页效果图如图 11-1 所示。

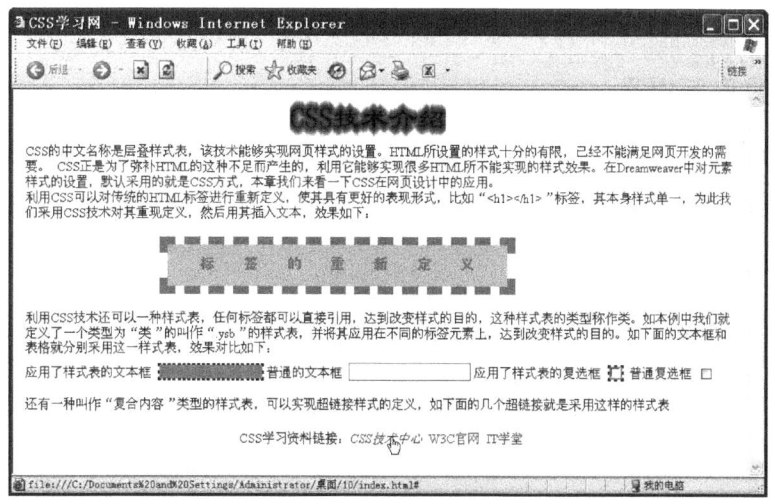

图 11-1　网页效果图

（1）熟悉 CSS 面板的使用。

（2）能在网页文档中使用 CSS 重新设置标签样式。

（3）知道文档头中<style>标签的作用。

（4）知道样式表的内部文档头式插入方式。

（5）知道 CSS 的语法格式。

（6）熟悉 CSS 中的各种属性。

在如图 11-2 所示的原始效果图中，页面中有"标签的重新定义"一句话，是用"<h1>"标签插入的，但由于该标签本身的样式单一，所设置的文本样式比较简单，若要达到效果图 11-1 所示的样式，仅靠标签自身属性设置是无法实现的。因此考虑用 CSS 技术对其进行补充改造，重新定义该标签的样式，使该标签能实现更美观的效果。本任务要完成的具体工作如下。

（1）制作一个网页，主题为"CSS 学习"；

（2）打开 CSS 面板，新建一个名为"h1"的 CSS 样式表，CSS 选择器类型为"标签"；

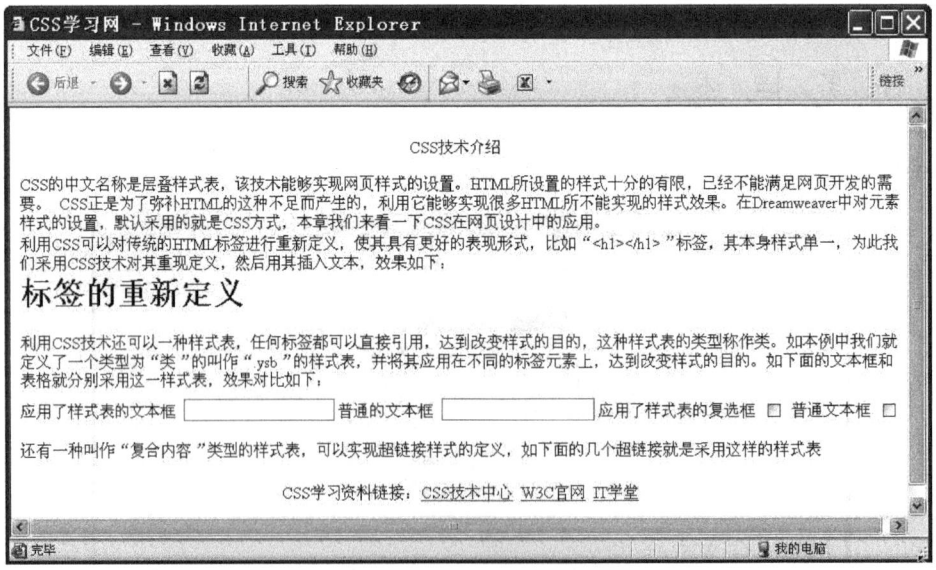

图 11-2　原始效果图

 实 施 步 骤

步骤一 新建一个站点和网页

（1）启动 Dreamweaver CS6，创建一个本地站点名称为"css学习"站点，存储目录为 E:\chapter11。

（2）在站点文件夹下建立一个子文件夹 images，用来管理图像素材（把要用的图像文件均复制到这个文件夹下）。

（3）在站点根文件夹下新建一个 HTML 文件，并保存该网页文件，将其命名为 "index.html"。

（4）在网页中输入文本内容。为了最后能比较应用 CSS 前后的效果，我们先来看一下应用 CSS 前该网页的源文件代码。其中请特别关注有下划线的部分：

```
<!DOCTYPE html PUBLIC "-//W3C//DTD XHTML 1.0 Transitional//EN"
"http://www.w3.org/TR/xhtml1/DTD/xhtml1-transitional.dtd">
<html xmlns="http://www.w3.org/1999/xhtml">
<head>
<meta http-equiv="Content-Type" content="text/html; charset=utf-8" />
<title> CSS学习网</title>
</head>
<body>
<table width="900" border="0" align="center" cellpadding="0" cellspacing="0">
  <tr>
    <td width="891" height="52" align="center"> <p> CSS技术介绍</p> </td>
  </tr>
  <tr>
    <td height="34">CSS 的中文名称是层叠样式表，该技术能够实现网页样式的设置。HTML
所设置的样式十分的有限，已经不能满足网页开发的需要。
    CSS 正是为了弥补 HTML 的这种不足而产生的，利用它能够实现很多 HTML 所不能实现的样式
效果。在 Dreamweaver 中对元素样式的设置，默认采用的就是 CSS 方式，本章我们来看一下 CSS
在网页设计中的应用。</td>
  </tr>
  <tr>
    <td height="43">
    利用 CSS 可以对传统的 HTML 标签进行重新定义，使其具有更好的表现形式，比如 "&lt;
h1&gt;&lt;/h1&gt;"标签，其本身样式单一，为此我们采用 CSS 技术对其重现定义，然后用其插
入文本，效果如下：
    </td>
  </tr>
  <tr>
    <td height="41"><h1>标签的重新定义</h1></td>
  </tr>
  <tr>
    <td height="41">利用 CSS 技术还可以一种样式表,任何标签都可以直接引用,达到改变样
```

式的目的,这种样式表的类型称作类。如本例中我们就定义了一个类型为"类"的叫作".ysb"的样式表,并将其应用在不同的标签元素上,达到改变样式的目的。如下面的文本框和表格就分别采用这一样式表,效果对比如下:</td>

```
</tr>
<tr>
<td height="41">    应用了样式表的文本框
   <input name="textfield" type="text" id="textfield" />
   普通的文本框
   <input type="text" name="textfield2" id="textfield2" />
   应用了样式表的复选框
   <input name="checkbox" type="checkbox" id="checkbox" />
   普通文本框
   <input type="checkbox" name="checkbox2" id="checkbox2" /></td>
</tr>
<tr>
<td height="41">还有一种叫作"复合内容"类型的样式表,可以实现超链接样式的定义,如
下面的几个超链接就是采用这样的样式表</td>
</tr>
<tr>
<td height="41" align="center">CSS 学习资料链接:<a href="#">CSS 技术中心
</a><a href="#">W3C官网</a><a href="#">IT学堂</a></td>
</tr>
</table>
</body>
</html>
```

步骤二   建立选择器类型为"标签"的 CSS 样式表

(1)选择菜单栏中的【窗口】→【CSS 样式】命令,打开【CSS 样式】面板,如图 11-3 所示。在该面板的底部单击 ![按钮]按钮,打开如图 11-4 所示的对话框,新建一个 CSS 样式规则,在 CSS【选择器类型】处有 4 个选项,选择【标签(重新定义 HTML 元素)】选项。很明显,这种类型的 CSS 规则可以对所有的 HTML 标签进行重新定义。这里重定义标签<h1>的样式,因此在【选择器名称】文本框中输入"h1",并使该标签的定义仅对当前文档有效,为此在【规则定义】处选择【仅限该文档】选项,表明这次定义只对当前网页有效。

提示:标签名 h1 除了直接输入外,还可以在下拉列表中选择,输入的时候不要加尖括号。

(2)单击【确定】按钮后,弹出一个对话框,可以用来设置<h1>的各种补充样式,CSS 是通过许多属性实现样式设置的,这些属性被分成九大类,如图 11-5 所示。可

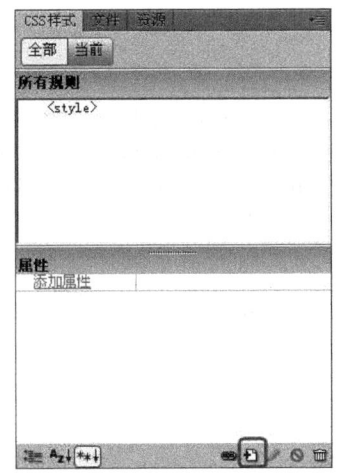

图 11-3   CSS 面板

以在每一类中设置相应的属性值,从而实现整个样式的效果。本任务中各类属性值的设置如表 11-1 所示。

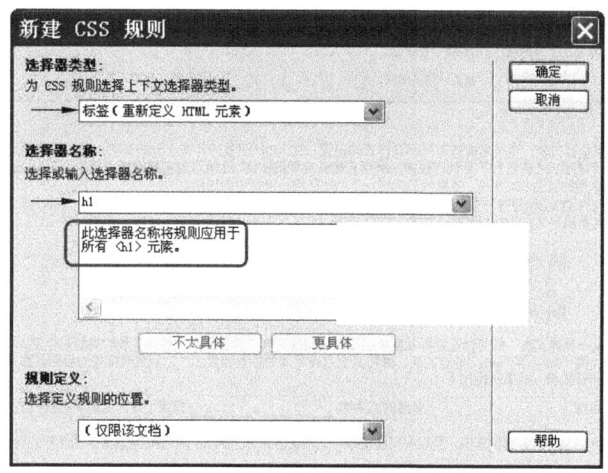

图 11-4　建立 CSS 规则

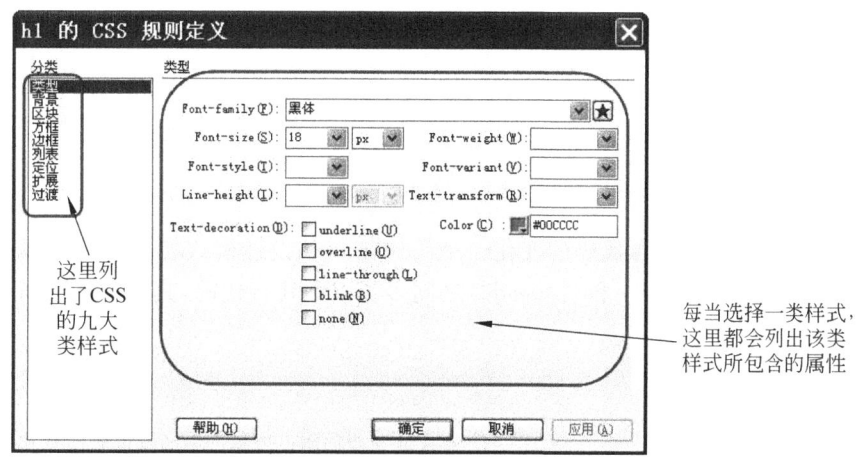

图 11-5　CSS 样式属性定义

表 11-1　CSS 属性设置

分类	属性	值	属性	值	属性	值
类型	大小	18	颜色	#00CCCC		
背景	背景色	#FFCCFF				
区块	字母间距	2	文本对齐	居中		
方框	宽度	400	填充	15	边界	20
边框	样式	Dashed	宽度	10		
定位	类型	Relative	置入(左)	150		

步骤三　保存文件，预览最终效果

CSS 样式应用的结果如图 11-6 所示。

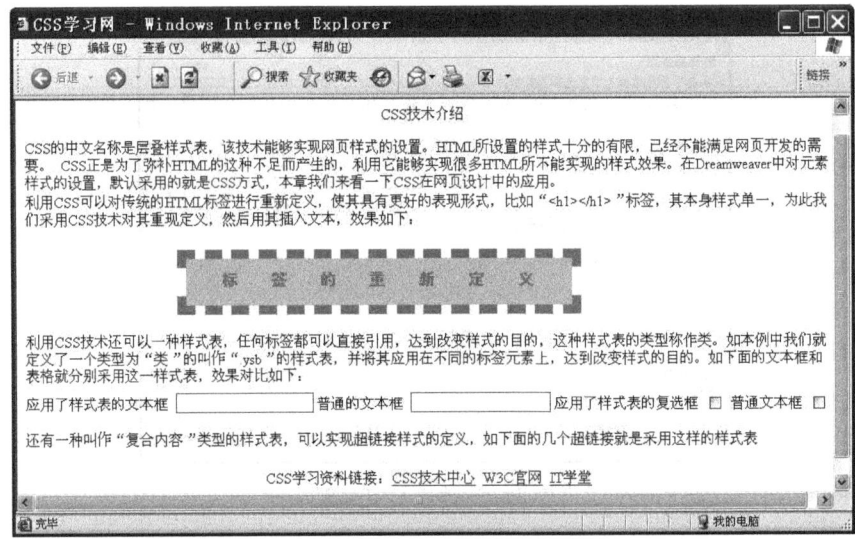

图 11-6　网页效果

1. CSS 的语法格式

现在再来看一下网页源代码的变化。把编辑窗口从设计模式切换到代码模式,仔细比较会发现,只是在<head>和</head>之间多了以下几行代码,其他没有任何变化:

```
<style type="text/css">
<!--
h1 {
    color: #00CCCC;                    /* 这就是我们所设置类型中的颜色属性及其值 */
    font-size: 18px;                   /* 这是类型中的字体大小属性及其值 */
    background-color: #FFCCFF;         /* 这是背景类型中的背景颜色属性及其值 */
    letter-spacing: 2em;               /* 这是区块类型中的字母间距属性及其值 */
    text-align: center;                /* 这是区块类型中的文本对齐属性及其值 */
    width: 400px;                      /* 这是方框类型中的宽度属性及其值 */
    padding: 15px;                     /* 这是方框类型中的填充属性及其值 */
    margin: 20px;                      /* 这是方框类型中的间距属性及其值 */
    border: 10px dashed #FFFF00;       /* 这就是我们所设置的边框中的各项属性值 */
    position: relative;                /* 这就是我们所设置的定位中的类型属性及其值 */
    left: 150px;                       /* 这是定位中的置入(左)属性及其值 */
}
-->
</style>
```

请大家仔细阅读上面这段代码和注释。其中下划线部分就是刚才所建立的 CSS 样式表的源代码,可以看出,该段代码对“h1”标签进行了重定义。因此,虽然并没有对<h1>本身的属性做调整,但 <h1>标签中的文本样式发生了变化,并且如果该网页中还有使用<h1>标签的文本,都将产生同样的样式。这段代码是我们在 CSS 规则定义对话框中设置好后,Dreamweaver 自动插入的,可以看出,每一项属性在代码中都会有一个名字,名字后跟着属性值。此时,大家可能会问,能不能直接在 HTML 源文件中输入这段代码,来手工创建 CSS 样式? 答案是可以的,前提就是必须熟悉 CSS 的各种属性,并且要按照 CSS 的语法格式书写。正如上面这段代码中的 CSS 样式定义语法一样,CSS 的语法格式如下:

选择器{属性名:值;属性名:值;……}

上面代码中的"h1"就是一个选择器,并且其他 HTML 标签也都可以作为选择器,只不过作为选择器时标签不带尖括号。CSS 的属性有很多,Dreamweaver 根据其功能把它们分为 9 类,每一类都包含若干个属性。我们在表 11-2 中做简要介绍。

表 11-2　各种类别的属性

类别	功　　能
类型	用于定义网页中文本的字体、颜色、风格等,包含 9 个属性
背景	设置网页元素的背景颜色或图像的样式,包含 6 个属性
区块	控制区块中内容的间距、对齐方式和缩进,包含 7 个属性
方框	控制元素在页面上的放置方式,包含 12 个属性
边框	定义元素周围边框的样式,包含 12 个属性
列表	设置列表的风格,包含 3 个属性
定位	用于精确控制元素的位置,包含 14 个属性
扩展	设置打印分页符和各种滤镜视觉效果
过渡	设置动画效果

按照上面的语法格式,就可以通过自己编写代码的方式来创建 CSS 样式表。虽然这样可以更加细致地控制样式,可是由于需要记住各种属性,这就显得有些烦琐。但借助于 Dreamweaver 提供的【CSS 规则定义】对话框,就容易得多了,它能帮我们自动完成代码的创建,就像我们在该任务中完成的一样。这是 Dreamweaver 使用 CSS 方便性的一个方面。

2. 样式表的引用

创建好的样式表如何在网页中使用呢? 再来分析上面的这段代码,会发现我们定义样式表的代码"h1{…}"被包含在<style type="text/css"></style>标签中,而且该标签又包含在<head>中。HTML 的<style>标签是用来在网页中插入样式表的,这种使用样式表的方式称为内部文档头方式。如果自己编码,大家完全可以采用这种方式,在网页的< head >中编写样式表代码,然后在其周围加上 <style>标签。当然使用 Dreamweaver 的话,它能自动完成这种方式的样式表引用工作,以减少我们代码的书写量。方法是在选择定义样式表的位置时,正像我们本任务中那样,选择【仅限该文档】选项,如图 11-4 所示。这种方式建立的样式表仅对该样式表所在的网页文档有效。

3. 理解方框

CSS 将网页中的所有块元素都看做是包含在一个方框中的,如用<h1>定义的标题,用<p>定义的段落等。方框涉及边框、填充、边距等属性,我们在任务中都已经接触到了。大家可以在完成子任务1后,在编辑窗口的下方选中<h1>标签,此时编辑窗口中该标签定义的标题就会以方框的形式显示来,如图11-7所示。

图 11-7　方框的范围

4. 理解定位

CSS的一大优点就是能够通过各种定位属性精确控制元素的位置,便于页面的布局,定位类型主要有3种:绝对、相对和静态。绝对定位是指可以用"置入"属性中的左和上控制元素距离页面左上角的距离。相对定位同样是利用"置入"属性控制元素相对于文档中文本的位置。

提示:CSS把采用了定位技术的元素看作是一个Div(层)。

二、子任务2——创建可应用于任何标签的样式表

本任务完成后的效果如图11-8所示。

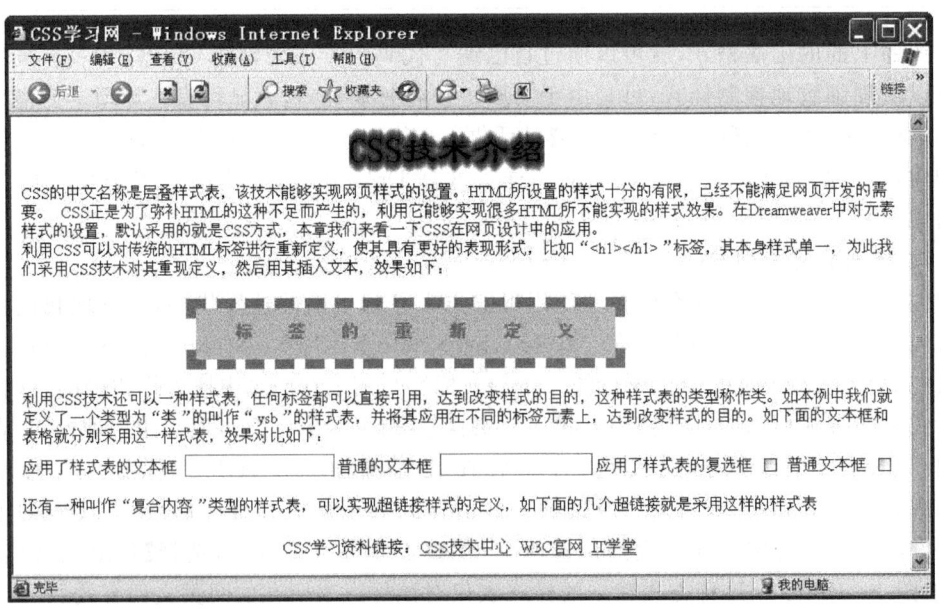

图 11-8　网页效果图

任务目标

（1）能在网页文档中建立选择器类型为"类"的 CSS 样式表。

（2）能将创建的类样式表应用于标签。

（3）能在网页文档中通过"class"属性使用类样式表。

任务分析

本任务是在子任务 1 的基础上，继续进行样式表的创建和应用工作。在子任务 1 中建立的选择器类型为"标签"的样式，仅能被网页中同名的标签使用。如在子任务 1 中创建了一个名为"h1"的样式表，该样式表就只对"＜h1＞"标签有效，因为它相当于重新定义了该标签。那么能不能建立一种样式表，可以被网页中的任何标签使用？完全可以，本任务所建立的样式就能实现这一效果，它是一种选择器类型为"类"的样式。本任务要完成的具体工作如下。

（1）打开"index.html"；

（2）打开 CSS 面板，新建一个名为"ysb1"的 CSS 规则，选择器类型为"类"；

（3）将建立好的样式应用到段落标签＜p＞上；

（4）打开 CSS 面板，新建一个名为"ysb2"的 CSS 规则，选择器类型为"类"；

（5）将建立好的样式应用到文本框标签和复选框标签上。

实施步骤

步骤一　打开"index.html"建立选择器类型为【类】的 CSS 样式

（1）启动 Dreamweaver CS6，打开子任务 1 完成的页面"index.html"。

（2）在 CSS 面板的底部单击 按钮，打开如图 11-4 所示的对话框，新建一个 CSS 样式规则，在 CSS【选择器类型】处选择【类】选项，在【选择器名称】文本框中输入样式的名字"ysb1"，在样式定义的位置处仍选择【仅对该文档】选项，这意味着还是采用内部文档头的方式引用样式表，即该样式表仅能在定义它的文档内使用。

（3）单击【确定】按钮后打开规则定义对话框，在类型一类中设置字体为隶书，字号为36，行高为 50。在定位中设置定位方式为绝对（即 absolute），左置入为 350 像素，顶置入为 12 像素。在扩展中设置相应的滤镜效果。完成后，将编辑窗口切换到代码模式，看看代码的变化，会发现在＜style＞标签中，除了原来的样式 h1｛...｝外，增加了一个名叫 .ysb1 的样式表的定义，代码如下：

```
.ysb1{
    font-family: "隶书";
    font-size: 40px;
    color: #000000;
```

```
        left: 350px;
        filter: Glow(Color=red, Strength=10);
        top: 12px;
        position: absolute;
    }
```

（4）这种类型的样式可以应用到任何 HTML 标签上，现在我们在某个标签上应用该样式。将光标定位到"<p>CSS 技术介绍</p>"段落中的任意位置，然后在属性面板上设置其应用 CSS 类的样式名为".ysb1"，如图 11-9 所示，将样式应用到该段落标签 <p>上。

步骤二   继续创建选择器类型为【类】的 CSS 样式

再创建另一个样式表".ysb2"，并将其应用在网页中的第一个文本框标签和第一个复选框标签上，对比应用的效果。该样式表的各项 CSS 属性设置如图 11-10 所示。

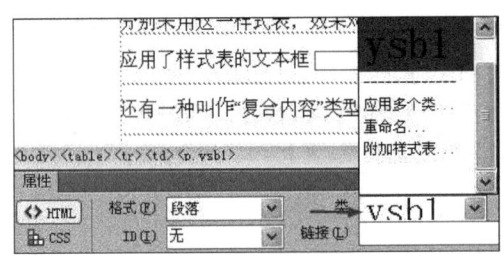

图 11-9   将样式应用到标签

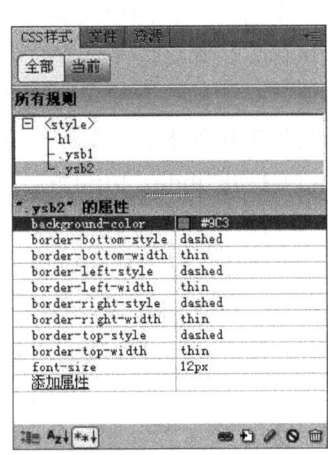

图 11-10   CSS 属性设置

在代码窗口中，比较应用了样式的标签前后的变化，会发现标签中多了一个"class"属性，标签正是用这个属性将定义好的样式应用到自己身上的。如<p class="ysb1">……</p>。所以说，也可以自己编码将该类型的样式应用到某个标签上，方法是直接到网页源代码的标签处，给标签加上"class"属性，并将属性值设置为所需样式的名字。

注意：如果自己编写 CSS 代码建立这种类型的样式，样式的名字前都要加上"."。

三、子任务 3——在样式表文件中建立复合内容样式表

本任务完成的网页效果图如图 11-1 所示。

（1）能够建立 CSS 样式表文件，并在该文件中定义样式表。

（2）能够建立选择器类型为"复合内容"的样式表。

（3）能够在网页文档中引用 CSS 样式表文件。

子任务 1 和子任务 2 均是在文档头中用＜style＞标签包含样式表的定义代码，这种方式称为内部文档头的方式。这种方式所定义的样式表的作用范围仅限于它所在的网页文档。一个网站通常含有许多网页，而这些网页的基本样式通常是一致的，若采用内部文档头的方式，就需要在每个网页的文档头中均插入相同的样式定义代码，这未免有些烦琐。CSS 为此提供了一种极简单的方式，就是把每个网页中都用到的相同的样式，定义在一个独立的文件中，需要这些样式的网页可以关联此文件，从而达到整站网页效果的一致性，同时减少了代码的书写量。另外，只要修改该文件，就可以实现整站样式的统一修改，这个文件叫作样式表文件。本任务将建立一个样式表文件，在其中定义样式表，然后将该文件关联到网页文档中。本任务中要完成的具体工作如下。

（1）打开网页文件"index. html"；

（2）打开 CSS 面板，新建一个名为 test. css 的 CSS 样式表文件；

（3）在该文件中建立选择器类型为"复合内容"的样式表，改变超链接的样式。

步骤一　建立选择器类型为"标签"的 CSS 样式并保存成样式表文件

（1）启动 Dreamweaver CS6，选择【文件】→【新建】命令，选择页面类型为 CSS，创建一个空白的 CSS 样式表文件，如图 11-11 所示。

（2）在 CSS 面板的底部单击 按钮，新建一个 CSS 样式表，在 CSS【选择器类型】处选择【复合内容】选项，在【选择器名称】下拉列表中共有 4 个选项，如图 11-12 所示，分别是 a：link、a：visited、a：hover 和 a：active，它们用来设置超链接文本的样式，其中 a：link 设置未被访问的超链接文本的样

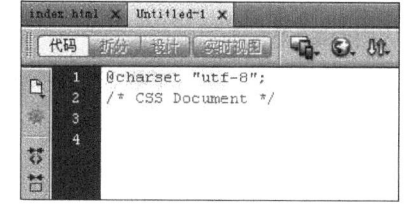

图 11-11　创建 CSS 样式表文件

式，a：visited 设置已被访问过的超链接的样式，a：hover 设置鼠标悬浮在超链接上时的样式，a：active 设置鼠标单击超链接时的样式。先来设置未被访问超链接的样式，选择 a：link，单击【确定】按钮，在随后打开的对话框中，在类型属性里将颜色"color"值调整为"♯0099CC"，将"text-decoration"属性设为无下划线"underline"。

（3）接下来重复步骤（2），依次设置 a：visited、a：hover 和 a：active 的样式。完成后，

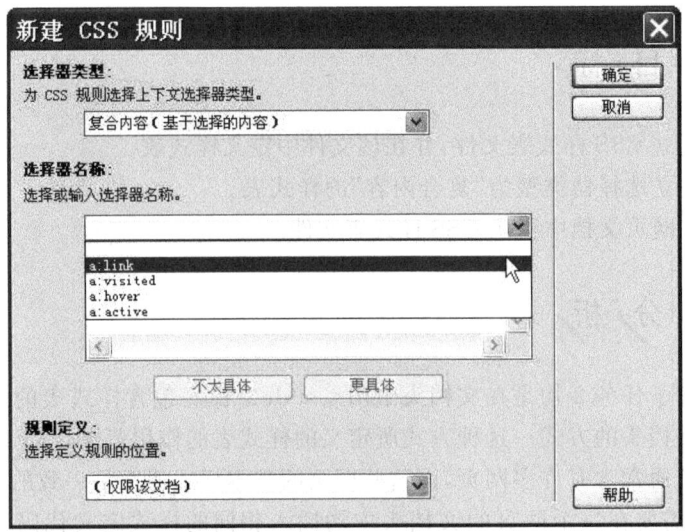

图 11-12 【选择器名称】下拉列表

文件中会增加如下所示的代码：

```
a:link {
    color: #0099CC;   text-decoration: none;}
a:visited {
    color: #0099CC;   text-decoration: none;}
a:hover {
    color: #FF0000;   font-style: italic;}
a:active {
  font-style: italic;  color: #FF0000;}
```

（4）最后将该样式表文件保存为"test.css"，以备引用。

步骤二　在网页中引用建立好的样式表文件

（1）将当前编辑文件切换到"index.html"。

（2）在【CSS样式】面板下方单击■按钮，在打开的如图 11-13 所示的对话框中，指定引用的样式表。

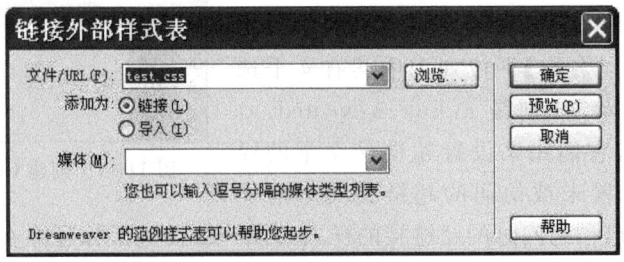

图 11-13 引用样式表

步骤三　保存文件，预览最终效果

将鼠标移动到网页下方的超链接上，对比超链接在应用样式表前后的效果。

（一）网页与样式表文件的关联

将当前编辑文件切换到"index. html"，查看该文件的源代码，会发现，在文档头<head>中多了一个 HTML 标签<link>，其代码如下：

```
<link href="test.css" rel="stylesheet" type="text/css" />
```

正是这个<link>标签，将样式表文件"test. css"关联到网页文档"index. html"中，使网页可以使用样式表文件中定义的样式，其中该标签的"href"属性用来设置关联样式表文件的存放位置和名称。这里 Dreamweaver 已经为我们自动添加好该标签，当然也完全可以自己编写这条代码，在<head>中插入<link>标签，指明要关联的样式表文件，从而实现两者的关联。比如，网站中已经创建好一个样式表文件，我们想在每个网页中都关联此文件，就可以到每个网页的文档头中编写代码，插入<link>标签。如果用 Dreamweaver，可以自动完成代码的插入，方法是先打开欲使用样式表文件的网页，单击 CSS 面板上的██按钮，打开链接外部样式表对话框，选择一个样式表文件，如图 11-12 所示。

（二）各种样式表的引用方式的特点

我们已经学习了两种样式表的定义引用方式。内部文档头方式是在网页文档头<head>中，用<style>标签插入样式表的定义，这种方式下，样式表的使用范围仅限于其所在的网页。另一种是将样式表定义在一个独立的样式表文件中，需要其中样式的网页可以关联此文件，样式表文件可以被任何网页关联使用，这种方式称为外部文件式。除了这两种外还有一种，就是利用 HTML 标签的"style"属性，直接将样式表定义在一个标签中，比如<h1 style= "color：♯00CCCC；text-decoration：line-through;">，我们称为直接插入式，这种方式定义的样式只对该标签有效。

根据这 3 种方式的不同作用范围和特点，在开发网站时，首先可以采用外部文件式，在样式表文件中定义所有页面都相同的那部分样式，然后让每个页面都关联此文件，实现整站样式的一致性，同时减少了为每个网页都重复定义样式表的麻烦。对于有特殊样式需求的个别网页，可以采用内部文档头的方式，在这些网页中的<head>标签里定义，从而改变该页面的样式。如果网页中还有个别标签需要特定的样式，可再采用直接插入式，在标签内的"style"属性上直接定义。

可能大家会有一个疑问，如果一个网页中的元素，既在外部样式表中定义了其样式，又在网页中采用内部文档头的方式定义了其样式，既在<style>标签中规定了其样式，还在插入该元素的标签上直接通过"style"属性设置了样式，那么元素最终将采用何种样式显示呢？答案是元素最终表现出来的为 3 种样式的组合。但是若 3 种样式表中都对某个元素的同一个属性进行了设置，比如说都设置了字体的大小属性，只不过属性的值不一样,如样式表文件中设置的字体大小为 16,第二种方式定义的样式表中设置的字体大小为 14,第三种方式设置字体大小为 12,那么最后实际显示的字体大小将为 12,也就是直接插入式样式表优先级最高,随后是内部文档头式,优先级最低的是外部样式表文件。

 任 务 拓 展

（一）任务展示

本拓展任务完全采用 CSS 制作页面,效果如图 11-14 所示。

图 11-14　网页效果图

（二）制作要点提示

（1）建立页面文件"index. html"。
（2）在页面上插入一个表格排版布局,在相应单元格插入图片和文字。
（3）通过 CSS 重新定义<td>和<ul>标签。
（4）采用 CSS 滤镜虚化相应的图片,达到羽化图片的效果。
（5）采用 CSS 设置超链接的样式,使 3 个段落均有立体感。

小　结

本任务通过 3 个子任务介绍了 CSS 的概念,它的出现极大地弥补了 HTML 标签样式单一的缺点。CSS 有很多属性,正是通过设置这些属性不同的值,实现了丰富的样式。根据 CSS 选择器的不同,可以将 CSS 样式表分为 3 类:类、标签、伪类。第一种可以被任

何 HTML 标签通过"class"属性使用,第二种能够对现有标签重新定义,第 3 种则可以改变超链接的样式。这 3 种样式表可以定义在独立的样式表文件中,被任何一个网页关联使用,也可以定义在网页的文当头中,作用于该网页,还可以将定义代码直接插入 HTML 标签内,改变这个标签的样式。对于创建样式表,既可以自己编写代码,还可以利用 Dreamweaver 自动创建。

练　　习

一、填空题

1. CSS 的中文名称是_____。

2. 如果想使网站中所有页面的样式一致,采用_____引用方式比较合适。

3. 用来精确控制元素位置的 CSS 属性包含在_____类中。

4. 在文档头中加入样式表定义代码要用_____标签,若想直接在标签中定义样式表,则要使用标签的_____属性。

5. CSS 样式表文件保存的后缀名是_____。

二、选择题

1. Dreamweaver 将 CSS 的属性分了(　　)类。

　　A. 8　　　　　　　　B. 9　　　　　　　　C. 10　　　　　　　　D. 11

2. 在字体的样式面板中,如果要设置行间距,则需要设置(　　)的属性。

　　A. 大小　　　　　　B. 行高　　　　　　C. 修饰　　　　　　D. 样式

3. 在用样式设置背景图片的重复方式时,(　　)属性值可以让图片在水平方向上填充。

　　A. 横向重复　　　　B. 纵向重复　　　　C. 无重复　　　　　D. 重复

4. 如果设置表格边框的属性,要设置样式的(　　)属性值。

　　A. 位置　　　　　　B. Box　　　　　　C. 边框　　　　　　D. 列表

上 机 操 作

1. 在本任务中的"test. css"样式表文件中增加一个样式,重新定义<talbe>标签,使得该标签创建的表格都有红色背景,表格外围都有虚线边框。

2. 修改创建一个网页文件,使其关联到样式表文件"test. css"上。

任务12

使用Div+CSS布局页面

前面学习过了利用表格和框架布局页面，下面来看目前主流的页面布局技术——Div+CSS。这种方法有别于传统的表格（table）定位方式，它可实现网页页面内容与表现相分离。在用表格布局时，首先要构思出页面的布局图，然后利用表格在页面上规划出区块，就是一个一个的单元格，这些单元格就像容器，在不同的单元格里面放上各种页面元素，如图片、文本等，从而实现布局效果。而 Div 是一种 HTML 标签，可以用作文本、图片等其他页面元素的容器，也就是说 Div 是承载页面内容的，有时也把 Div 及其承载的内容叫作一个区块。至于 CSS，即层叠样式表，前面已经学习过，利用这种技术可以使各种HTML 元素的样式表现更加丰富多彩。所以在页面上插入 Div 标签，并在该标签中插入元素后，可以通过 CSS 技术对 Div 标签在页面上的位置进行控制，实现页面内容定位，达到布局效果。并且，可以进一步通过 CSS 对 Div 及其各种 HTML 元素进行样式控制，达到我们想要的外观效果。所以说，在 Div+CSS 技术中，Div 只负责页面的内容和结构，CSS 则只负责页面的外观表现，这种布局技术可以充分实现内容和表现的分离。本任务中我们将来领会这种技术的使用特点。

 **任 务 描 述**

现一家家居公司要制作公司网站，希望能够全面展示公司形象，将公司的特色、最新新闻和产品等各方面展示给消费者，起到良好的宣传作用，本任务完成的网页效果图如图 12-1 所示。

 **任 务 目 标**

(1) 能正确理解 Div 在布局中的作用。
(2) 能正确理解 CSS 在布局中的作用。
(3) 能正确分析页面结构。
(4) 能利用 Div 实现页面结构。
(5) 能利用 CSS 控制 Div 的位置和外观。
(6) 能利用 CSS 控制其他页面元素的外观。

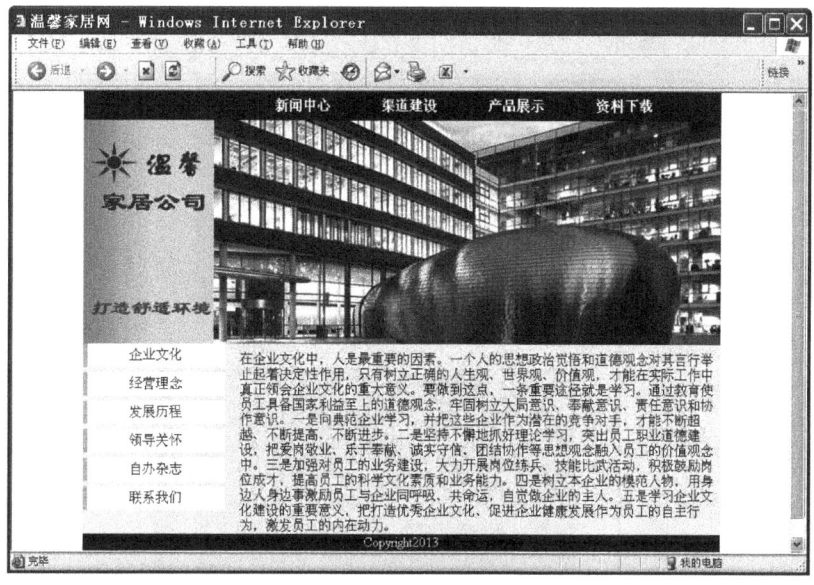

图 12-1 网页效果图

采用 Div+CSS 技术在网页布局前,先要分析和规划好整个页面上内容的分布情况,接下来要用 Div 实现规划好的结构,即将页面内容呈现出来,随后则用 CSS 技术调整内容的样式。经过仔细分析,本任务页面划分如图 12-2 所示,根据布局划分,整个页面的结构采用 Div 实现,如图 12-3 所示。

图 12-2 结构分析

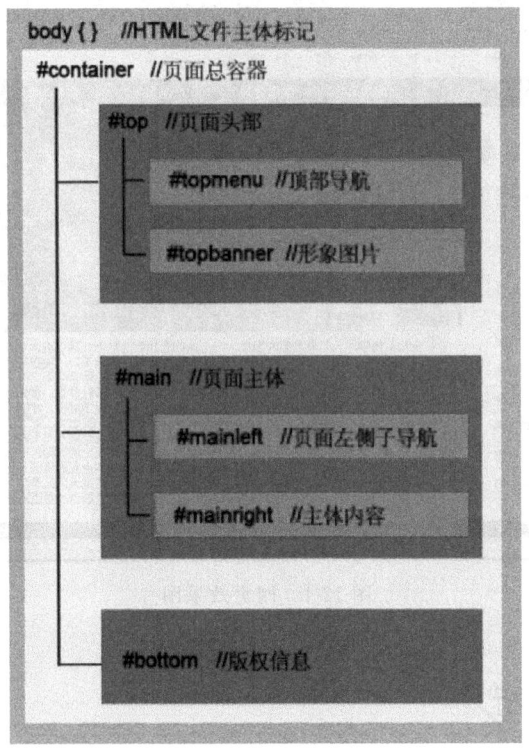

图 12-3　Div 结构图

本任务要完成的具体工作如下。

（1）制作一个网页，主题为"温馨家居"；

（2）插入 Div 标签作为容器，实现规划好的结构；

（3）在 Div 容器中插入相应的内容，如文本、图片、链接等；

（4）创建类型为"ID"的 CSS 样式表控制 Div 的外观；

（5）创建类型为"复合内容"的 CSS 样式表控制 Div 中其他元素的外观。

 实 施 步 骤

步骤一　新建一个文件夹和网页

（1）启动 Dreamweaver CS6，创建一个本地站点，名称为"温馨家居网"，保存在 E:\
chapter12。

（2）在站点根文件夹下建立一个子文件夹 images，用来保存图像素材（把要用的图像
文件均复制到这个文件夹下）。

（3）在站点管理器中，右击站点根文件，在出现的下拉菜单中选择【新建文件】选项，
创建一个 HTML 文件，将其命名为"index. html"。

步骤二　插入 Div 标签，创建总容器并控制其外观

（1）打开网页"index. html"，在文档工具栏的标题中设置网页标题为"温馨家居网"。

（2）选择【常用】→【布局对象】→【Div 标签】命令，在网页中插入总容器，并将其命名
为"container"，如图 12-4 所示。

图 12-4　插入 Div 标签

（3）选中刚才插入的 Div 标签，单击【CSS 样式】面板下方的　图标，为"container"
Div 创建 CSS 样式表，以控制其外观，如图 12-5 所示。注意，CSS 选择器类型为"ID（仅应
用一个 HTML 元素）"，名称为"♯container"。

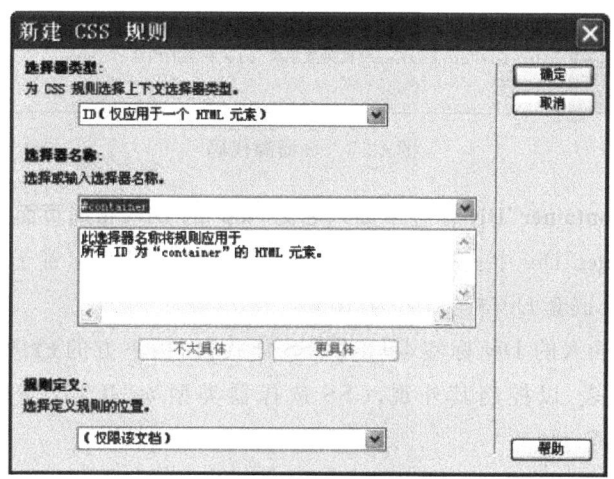

图 12-5　创建 CSS 样式表

（4）在"♯container"样式表中，调整"Background-color"（背景色）属性为"♯eee"。
调整"Text-align"（文本对齐方式）属性为"center"（居中），使该 Div 中的内容居中放置。
调整"Width"（宽度）属性为 774，"Margin"（边距）中"Right"为"auto"（自动），"Left"为
"auto"，而"Top"和"Bottom"不要设置，这样设置的目的是使该 Div 正好位于页面的中央
位置，如图 12-6 所示。

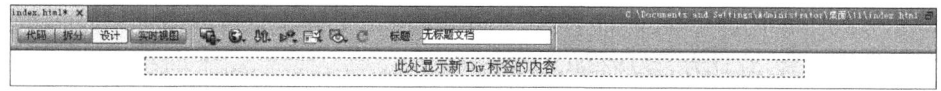

图 12-6　调整 CSS 后 Div 的外观

如果此时查看页面的源代码，会看到多了一个样式表的定义代码，如图 12-7 所示。我们知道样式表的类型有 4 种：类、标签、ID 和复合内容，这 4 种类型各有应用特点，我们在前面讲过几种了。本任务中用到了 ID 类型的样式表，这样类型的 CSS 样式表只对页面中和样式表同名的 HTML 元素有效。本任务中，创建样式表的名称为"♯container"，即该样式表仅对页面中 ID 值为"container"的元素有效，由于刚才创建的 Div 元素的名称（ID）为"container"，那么此样式表"♯container"就只对该 Div 标签有效。

```
1   <!DOCTYPE html PUBLIC "-//W3C//DTD XHTML 1.0 Transiti
2   <html xmlns="http://www.w3.org/1999/xhtml">
3   <head>
4   <meta http-equiv="Content-Type" content="text/html; c
5   <title>无标题文档</title>
6   <style type="text/css">
7   #container {  //次CSS用于控制"container"Div的外观表现
8       background-color: #eee;
9       text-align: center;
10      width: 774px;
11      margin-right: auto;
12      margin-left: auto;
13  }
14  </style>
15  </head>
16
17  <body>
18  <div id="container">此处显示新 Div 标签的内容</div>
19  </body>
20  </html>
```

图 12-7　页面源代码

步骤三　在"container"Div 标签中插入名为"top"的 Div，布局页面顶部

（1）在"container"Div 中去掉"此处显示……"文本。将光标置于"container"Div 标签中，继续插入一个嵌套 Div 标签，名为"top"。

（2）选中刚才插入的 Div 标签，单击【CSS 样式】面板下方的 图标，为"container"Div 创建 CSS 样式表，以控制其外观，CSS 选择器类型为"ID（仅应用一个 HTML 元素）"，名称为"♯top"。

（3）在"♯top"样式表中，调整"Width"（即宽度）属性为 774 像素。

步骤四　在"top"Div 标签中插入名为"topmenu"的 Div，布局顶部导航

（1）去掉"top"Div 中的默认文本，将光标置于"top"Div 标签中，继续插入一个嵌套 Div，名为"topmenu"，用来放置顶部主导航。

（2）选中刚才插入的 Div 标签，单击【CSS 样式】面板下方的 图标，为"topmenu"Div 创建 CSS 样式表，以控制其外观，CSS 选择器类型为"ID（仅应用一个 HTML 元素）"，名称为"♯topmenu"。

（3）在"♯topmenu"样式表中，调整"Width"（即宽度）属性为 774 像素，"Height"（高度）属性为 34 像素，背景为"♯18234C"（深蓝）。

（4）在"topmenu"Div 中插入四段文本，并将其设为列表，如图 12-8 所示。将每一个列表项设置成链接（空链接即可）。此时代码如图 12-9 所示。

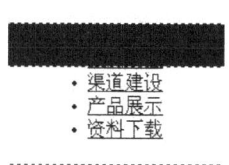

图 12-8 插入文本

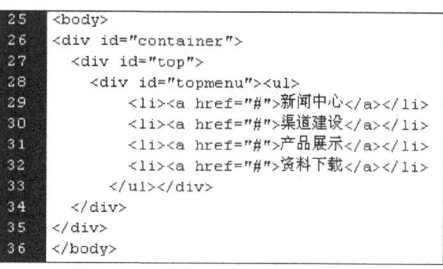

图 12-9 源代码

（5）选择＜ul＞标签，即选中列表，如图 12-10 所示。单击【CSS 样式】面板下方的 图标，为＜ul＞标签创建 CSS 样式表，以控制其外观，CSS 选择器类型为【复合内容】，名称为"♯topmenu ul"，如图 12-11 所示。这种类型的 CSS 样式表仅对所选择的 HTML 元素有效，比如本任务中选择的是"topmenu"Div 中的＜ul＞标签，则此时创建的"♯topmenu ul"样式表就只对"topmenu"Div 中的所有＜ul＞样式控制有效，其他任何元素的外观都与该 CSS 无关。

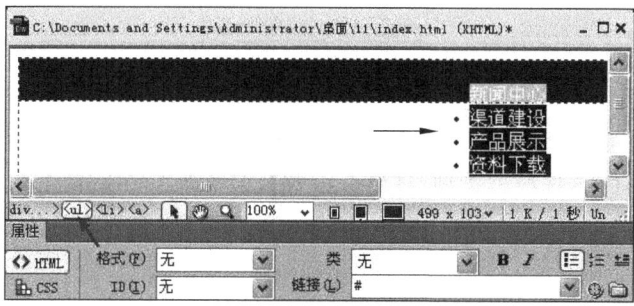

图 12-10 选择无序列表

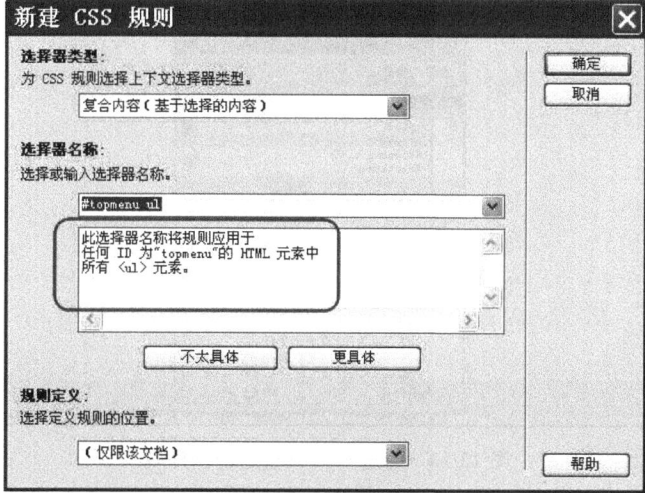

图 12-11 为列表创建 CSS

（6）在"♯topmenu ul"样式表中，调整"list-style-type"属性为"none"，这样可去掉列表项前面的点。调整"Margin"（边距）中所有的项为0，调整"Padding"中的"Left"为170。

（7）选择＜li＞标签，即选中列表项，单击【CSS样式】面板下方的🔲图标，为＜li＞标签创建CSS样式表，以控制其外观，CSS选择器类型为【复合内容】，名称为"♯topmenu ul li"。

（8）在"♯topmenu ul li"样式表中，调整相关属性，改变列表的外观表现，如图12-12所示。

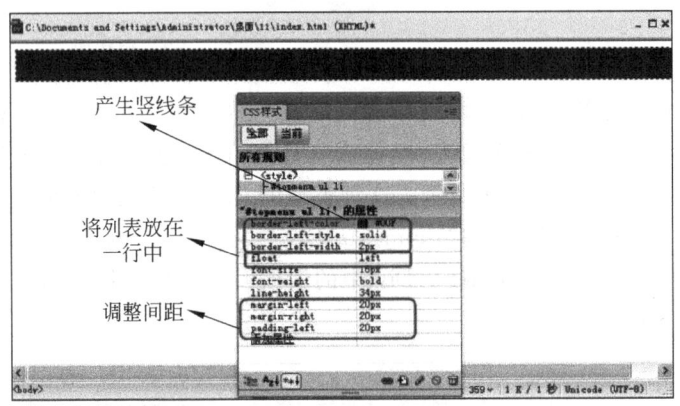

图12-12　通过CSS调整列表外观

（9）选择超链接＜a＞标签，单击【CSS样式】面板下方的🔲图标，为其创建CSS样式表，以控制其外观，CSS选择器类型为【复合内容】，名称为"♯topmenu ul li a"。

（10）在"♯topmenu ul li a"样式表中，调整相关属性，改变列表的外观表现，如图12-13所示。

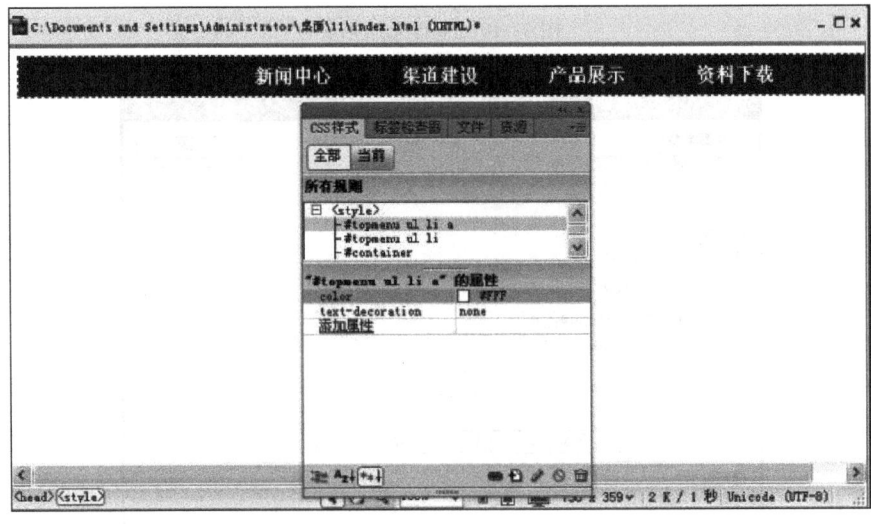

图12-13　通过CSS调整超链接外观

步骤五　在"top"Div标签中插入名为"topbanner"的Div,布局形象图片

（1）将光标置于"top"Div标签中,在"topmenu"Div标签后继续插入一个Div标签,命名为"topbanner",用来放置形象图片。

（2）将光标置于"topbanner"Div标签中,插入形象图片。

步骤六　在"container"Div标签中插入名为"main"的Div,布局中部主体

（1）将光标置于"container"Div标签中,在"top"Div标签后继续插入一个Div标签,命名为"main"。

（2）将光标置于"main"Div标签中,去掉默认文本,并插入一个名为"mainleft"的Div标签,用于放置左侧子导航。

（3）选中刚才插入的Div标签"mainleft",单击【CSS样式】面板下方的图标,为其创建CSS样式表,以控制其外观,CSS选择器类型为"ID（仅应用一个HTML元素）",名称为"♯mainleft"。在样式表中调整"Background-color"属性为"♯eee",调整"Text-align"属性为"center"（居中）,调整"float"属性为"left"（居左）,调整"Width"属性为190像素。

（4）在"mainleft"Div中插入六段文本,并将其设为列表,将每一个列表项设置成链接（空链接即可）,如图12-14所示。选择<ul>标签,即选中列表,单击【CSS样式】面板下方的图标,为<ul>标签创建CSS样式表,以控制其外观,CSS选择器类型为【复合内容】,名称为"♯mainleft ul",属性设置如图12-15所示。

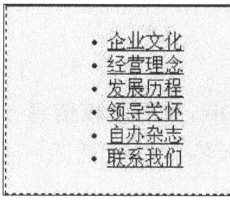

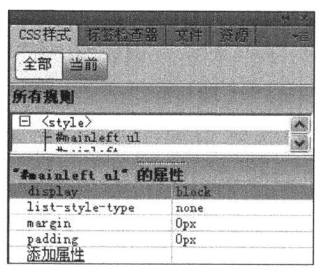

图12-14　插入文本列表　　　　　　　　图12-15　CSS属性设置

（5）选择<li>标签,即选中列表项,单击【CSS样式】面板下方的图标,为<li>标签创建CSS样式表,以控制其外观,CSS选择器类型为【复合内容】,名称为"♯mainleft ul li"。在该样式表中调整相关属性,控制列表的外观表现,如图12-16所示。

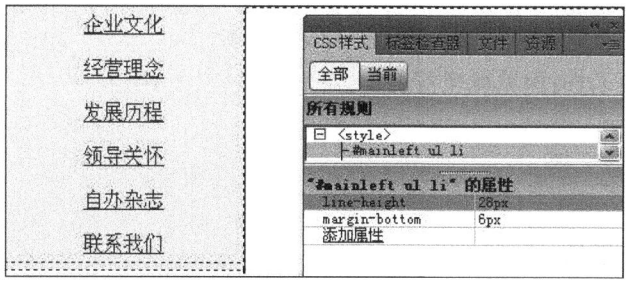

图12-16　控制列表外观

（6）选择超链接＜a＞标签，单击【CSS样式】面板下方的 ⊞ 图标，为其创建 CSS 样式表，以控制其外观，CSS 选择器类型为【复合内容】，名称为"♯mainleft ul li a"。在该样式表中调整相关属性，控制列表的外观表现，如图 12-17 所示。

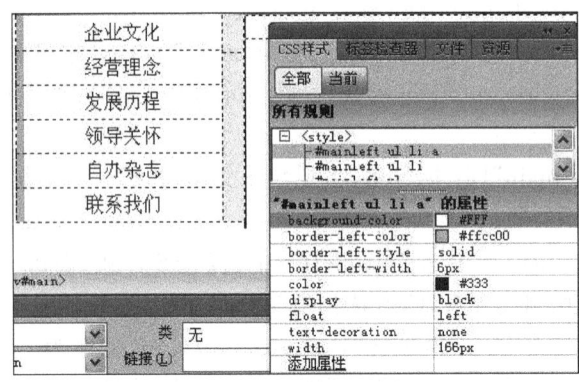

图 12-17　控制超链接外观

（7）将光标置于"main"Div 标签中，在"mainleft"Div 标签后继续插入一个 Div 标签，命名为"mainright"，用来放置主体文本。

（8）选中刚才插入的 Div 标签"mainright"，单击【CSS样式】面板下方的 ⊞ 图标，为其创建 CSS 样式表，以控制其外观，CSS 选择器类型为"ID（仅应用一个 HTML 元素）"，名称为"♯mainright"。在样式表中调整"Background-color"属性为"♯eee"，调整"Text-align"属性为"left"（居左），调整"float"属性为"right"（居右），调整"Width"属性为 584 像素，调整"padding"属性中的"top"为 10 像素。

（9）在 Div 标签"mainright"中插入相应的文本内容。

步骤七　在"container"Div 标签中插入名为"bottom"的 Div，布局版权信息

（1）将光标置于"container"Div 标签中，在"main"Div 标签后继续插入一个 Div 标签，命名为"bottom"。

（2）选中刚才插入的 Div 标签"bottom"，单击【CSS样式】面板下方的 ⊞ 图标，为其创建 CSS 样式表，以控制其外观，CSS 选择器类型为"ID（仅应用一个 HTML 元素）"，名称为"♯bottom"。在样式表中调整"Background-color"属性为"♯000"，调整"Text-align"属性为"center"（居中），调整"color"属性为"♯fff"（白色），调整"Width"属性为 774 像素，调整"Height"属性为 28 像素，调整"clear"属性为"both"。

（3）在"bottom"Div 中插入相应的版权信息文本

步骤八　保存文件，预览最终效果

 知 识 链 接

（一）Div 的概念

Div 全称是 Division，意思为"区块"，是一个普通的 HTML 标签，在页面插入该标签

的方法和插入普通的 HTML 元素一样。Div 是 Div+CSS 布局技术中的基本构造块,我们用它来放置内容,包括文本、图片、超链接、列表、表格等所有任意的 HMTL 页面元素,相当于一个容器。我们在采用 Div+CSS 技术时,首先要分析页面结构,考虑在页面上不同位置放置不同的内容。然后在页面中通过插入 Div 标签来实现这一结构,插入的这些 Div 有并列关系,如本任务中的“top”、“main”和“bottom”;也有嵌套关系,如“top”和“topmenu”。为了便于后面对这些 Div 容器样式进行控制,每一个 Div 都要命名,即设置其 ID 属性的值,名字的命名要注意可识别性,就是能够通过 Div 的名字大体知道该 Div 容器用来布局什么内容。按照结构准备好 Div 容器后,就可以在里面放置页面内容了。所以说 Div 在 Div+CSS 技术中扮演的是内容承载者的角色。

（二）CSS 在页面布局中的作用

前面已经学习过 CSS 了,知道如何使用 CSS 来使页面元素变得更漂亮。在 Div+CSS 技术中,CSS 的这一作用表现得更加突出和重要,可以说没有 CSS,单纯的 Div 是没有多少意义的。Div 只是用来放置内容的容器,然而这些容器放在页面的什么位置,这些容器以及里面的内容如何更美观地表现出来,都要通过 CSS 来达到控制的目的。所以说在 Div+CSS 技术中,CSS 担当着控制页面表现的功能。本任务中大量地采用了类型为“ID”和“复合内容”的样式表,大家必须对这两种样式表的使用特点和使用场合深刻领会。

Div 承载内容结构,CSS 控制内容的外观表现,从而在页面的制作中将内容和表现进行了分离,一方面减少了 HTML 文档的代码量,只留下页面结构,方便阅读和修改;另一方面可以加快网页的下载速度。因此,我们说 Div+CSS 已经成为页面布局的标准技术,但要从传统的表格布局转到 Div+CSS 布局上来,需要循序渐进和不断摸索,并且要对 CSS 的各项属性进行了解和熟悉。

（三）网页布局总结

到目前为止,我们已经介绍了 3 种常规的网页布局技术,它们是表格、Div+CSS 和框架。表格是网页设计中比较传统的一种布局技术,主要利用表格和表格的嵌套实现页面的规划和元素的定位。而 Div+CSS 的最大优点是可以精确定位元素,并且可以轻松地重叠放置元素,设置元素的堆叠顺序,最重要的是可以实现内容和表现的分离,被称为最新和最科学的布局方式。框架则是一种窗口的分割布局技术,可以实现在浏览器中同时显示多个网页。对于这 3 种技术,我们要在实践中根据具体情况灵活选择。

 任 务 拓 展

（一）任务展示

本拓展任务制作如下页面,效果如图 12-18 所示。

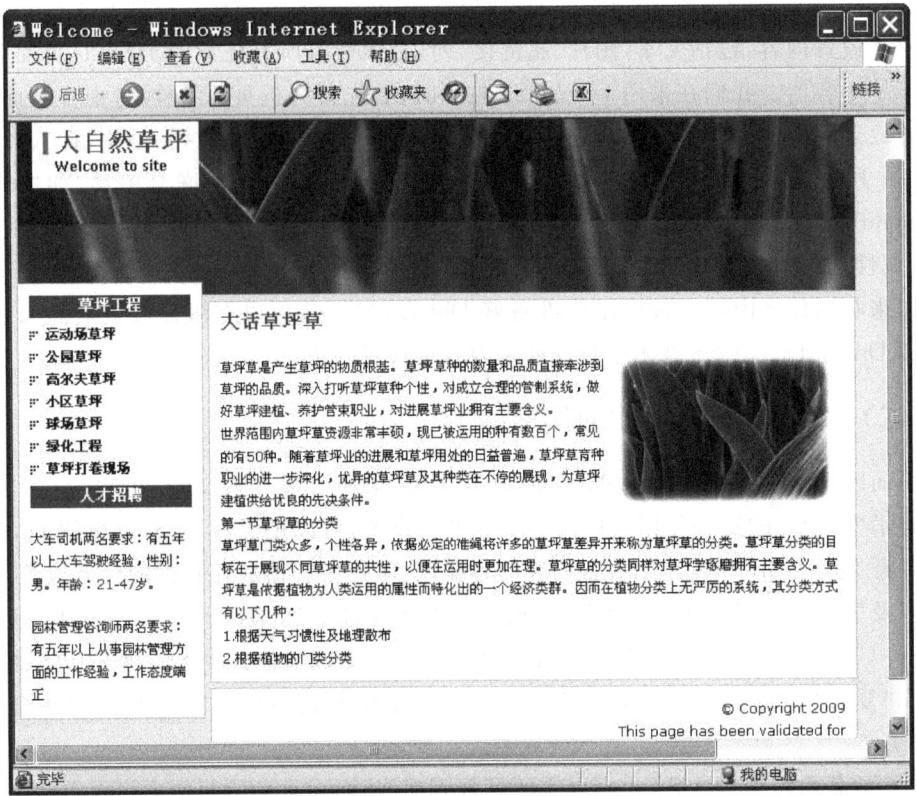

图 12-18   网页效果图

（二）制作要点提示

（1）建立页面文件"index. html"。

（2）规划页面结构。

（3）利用 Div 实现结构。

（4）利用 CSS 控制 Div 实现布局。

（5）利用 CSS 美化页面元素。

小   结

本任务介绍了如何利用 Div＋CSS 来布局页面。通过本任务的学习，大家应该掌握 Div 的概念和特点，掌握如何在页面中插入 Div，如何调整相关的属性，如何嵌套 Div。读者要掌握 Div 和 CSS 的配合，熟练应用各种类型的样式表，进而能合理使用 Div 和 CSS 来设计页面。

练　习

一、填空题

1. 在 Div+CSS 技术中,承担页面表现任务的是_____。

2. 设置 Div 的宽度可以通过 CSS 的_____属性。

3. 修改 Div 的名字就是修改_____属性。

4. CSS 的_____类型的样式表可以根据 HTML 元素的 ID 值进行应用。

二、选择题

1. 在【CSS 样式】属性面板中,(　　)是用于创建样式表的。

    A. ▣ 　　　　 B. ▣ 　　　　 C. ✏ 　　　　 D. 🗑

2. 如果要修改 Div 的浮动左对齐,要通过 CSS 的(　　)属性。

    A. padding 　　 B. font 　　 C. float 　　 D. color

3. 如果要使用插入面板插入 Div,要单击(　　)按钮。

    A. ▤ 　　　　 B. ▤ 　　　　 C. ▤ 　　　　 D. ▤

上 机 操 作

1. 把本任务中的主导航链接调整为鼠标经过时变斜体。

2. 在本任务中的主导航下面增加一个自右到左滚动的字幕,背景色为浅蓝色,字体为宋体,颜色为白色。

任务13

利用模板和库创建网页

在进行大型网站的制作时,很多页面会用到相同的布局、图片和文字等元素,尤其在同一个网站里,风格基本一致,这样就会导致在制作页面时做很多重复操作,如重新更新页面的某一部分时,要逐个页面编辑。Dreamweaver 提供了模板和库来解决这一问题。

 任 务 描 述

现某品牌化妆品公司要制作一网站,宣传、推销产品,扩大知名度,根据产品具体风格、图片、文字描述等,完成网页制作,index 和 link 网页效果如图 13-1、图 13-2 所示。

图 13-1　index 网页效果图

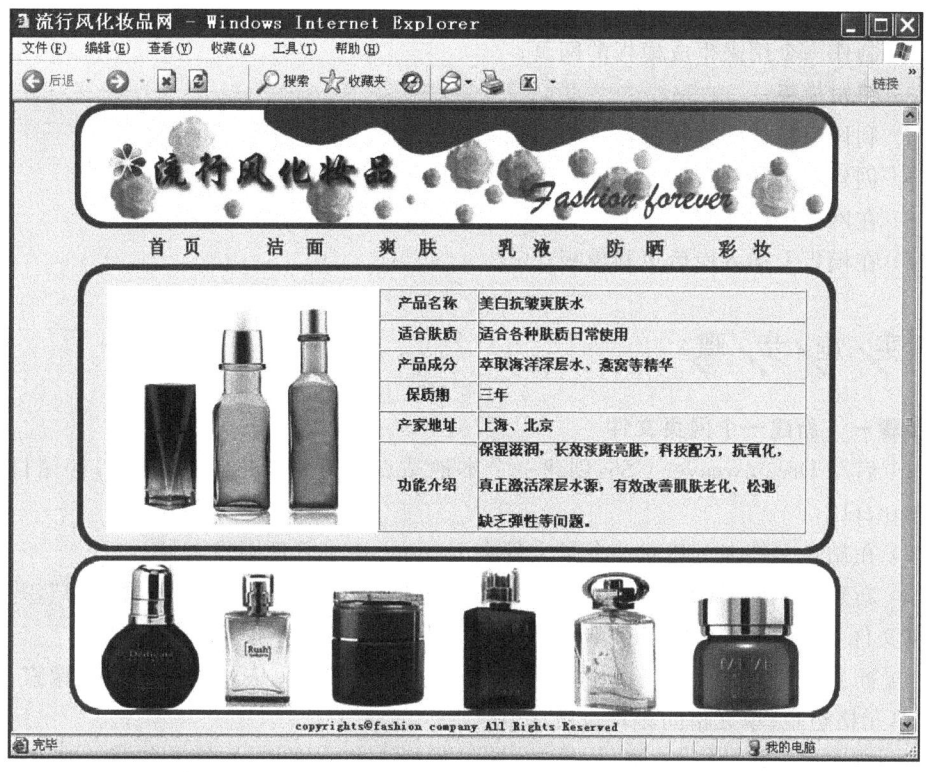

图 13-2　link 网页效果图

 任 务 目 标

(1) 能理解模板的作用。

(2) 能将现有的网页生成模板。

(3) 能编辑模板。

(4) 能利用模板生成新的网页。

(5) 能更新模板。

(6) 能理解库的作用。

(7) 能创建库项目。

(8) 能修改库。

 任 务 分 析

模板和库都是一种重复使用的工具，只不过重复使用的内容不一样。所以我们设计的网站中，如果有相似的页面，或者将运用某个相同的网页元素时，就可以使用模板和库。要完成的具体工作任务如下：

（1）创建一个网站，主题为"流行风化妆品"；

（2）制作一个用来生成模板的网页；

（3）编辑模板；

（4）利用编辑好的模板制作一个页面；

（5）创建一个库项目；

（6）在网页中插入库；

（7）在模板上插入库后更新模板。

 实 施 步 骤

步骤一　新建一个网页文件

（1）启动 Dreamweaver CS6，创建一个本地站点，名称为"化妆品网站"，存储目录为 E:\chapter12。

（2）在站点文件夹下建立一个子文件夹 images，用来管理图像素材。

（3）新建一个 HTML 文件，在标题栏中设置网页标题为"流行风化妆品网"，并保存该网页文件，将其命名为"index. html"。

（4）插入定位表格。本任务中插入一个 6 行 1 列的表格，表格宽度为 780 像素，边框粗细、单元格边距、单元格间距均设置为 0。

（5）在定位表格的第一、第二、第三、第五行插入相应图片，在第六行插入版权信息，并进行相应设置。

（6）在定位表格的第四行插入一个 1 行 4 列的嵌套表格。表格宽度为 100%，边框粗细、单元格边距、单元格间距均设置为 0。

（7）在该嵌套表格的第一、第二、第四列插入相应图片，对单元格进行相应设置。在第三列单元格插入一个 6 行 2 列的嵌套表格，边框粗细、单元格间距均设置为 0，单元格边距设置为 1。在相应单元格内输入文本，对文本、单元格进行相应设置。网页编辑窗口效果如图 13-3 至图 13-6 所示。

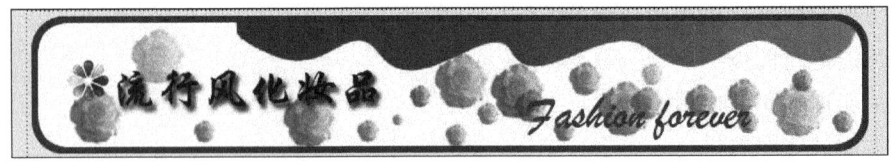

图 13-3　网页编辑窗口中第一行效果图

首 页　　　洁 面　　　爽 肤　　　乳 液　　　防 晒　　　彩 妆

图 13-4　网页编辑窗口中第二行效果图

（8）保存文件，预览最终效果，效果如图 13-7 所示。

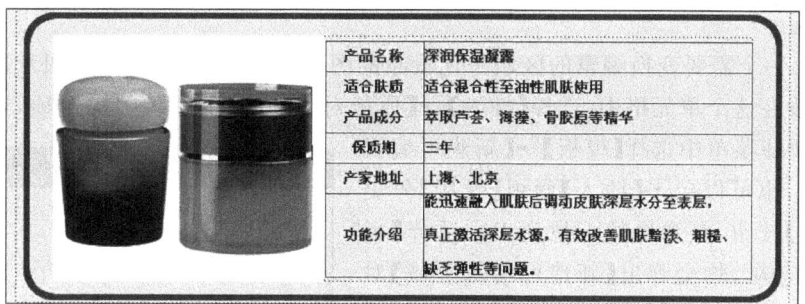

图 13-5 网页编辑窗口中第三、第四、第五行效果图

copyrights©fashion company All Rights Reserved

图 13-6 网页编辑窗口中第六行效果图

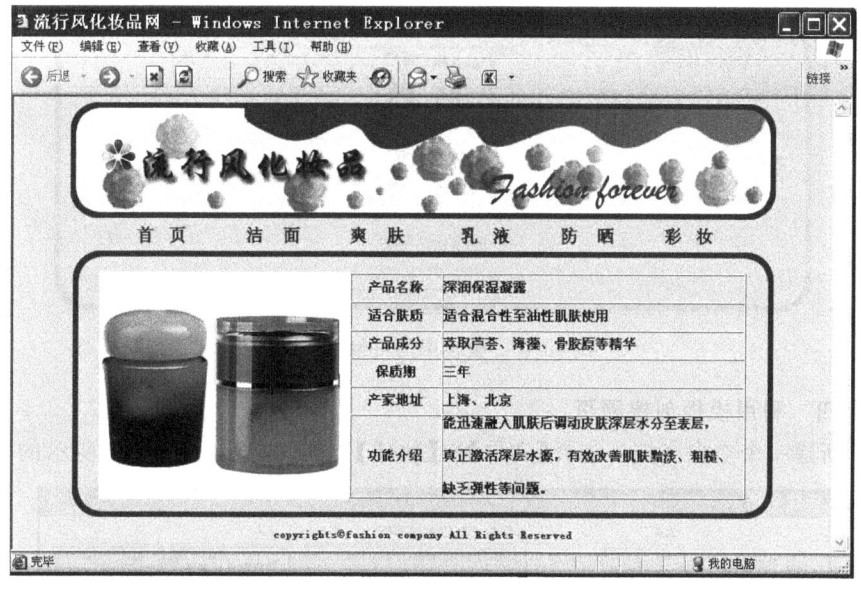

图 13-7 网页效果图

步骤二 创建模板

（1）打开"index.html"文件，然后选择【文件】→【另存为模板】选项，弹出如图 13-8 所示的【另存模板】对话框。

（2）在【另存为】文本框中输入模板的文件名。本任务中用的默认名称"index"。单击【保存】按钮完成操作。

步骤三 编辑模板

打开创建好的模板文件后会发现所有区域都是不可以编辑的，而在实际运用中，只是想保持主体风格不变，但局部是需要调整的，

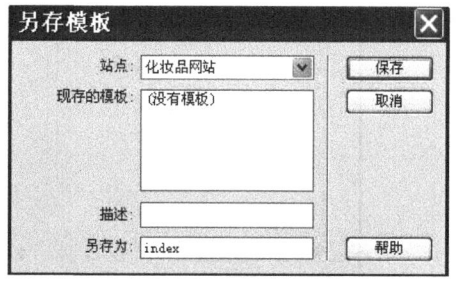

图 13-8 【另存模板】对话框

如何实现呢?

(1) 第一个需要变换编辑的区域是化妆品的图片位置,首先将原有的图片删除,然后光标指针放在这个单元格中,选择【插入】→【模板对象】→【可编辑区域】选项,或者右击,

从弹出的快捷菜单中选择【模板】→【新建可编辑区域】选项,也可以单击【插入】面板【常用】分类中的【模板】按钮,在弹出的下拉列表中选择【可编辑区域】选项,均会弹出【新建可编辑区域】对话框,在【名称】文本框中输入可编辑区域的名称,本任务中命名为"图片",如图 13-9 所示。

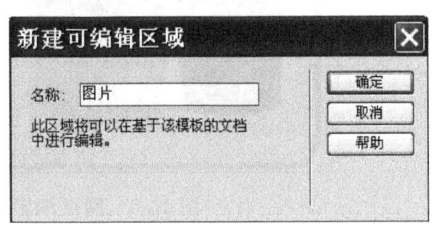

图 13-9　【新建可编辑区域】对话框

(2) 用同样的方法将关于化妆品的介绍内容的区域均设置为可编辑区域,如图 13-10 所示。

(3) 保存模板修改。

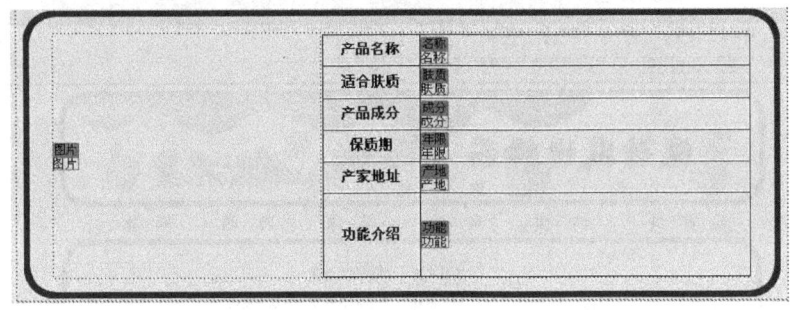

图 13-10　模板中的可编辑区域

步骤四　利用模板创建网页

(1) 新建一个空白文档。选择【文件】→【新建】选项,弹出如图 13-11 所示的对话框,

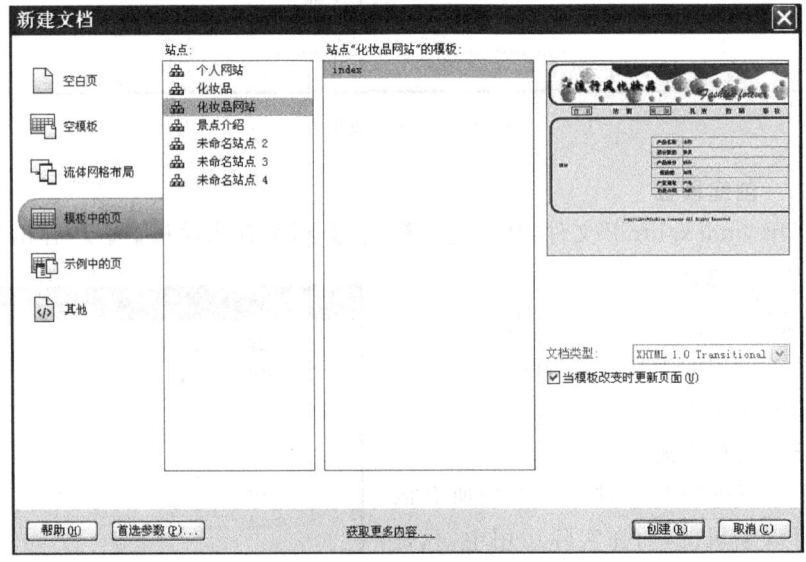

图 13-11　【新建文档】对话框

切换到【模板中的页】选项,选择相应站点和模板,单击【创建】按钮即可新建一个使用该模板的网页。将其命名为"link.html"。

也可以切换到【资源】面板,选中要使用的模板,右击,从弹出的快捷菜单中选择【从模板新建】选项,即可创建一个使用该模板的网页,如图 13-12 所示。

提示:当创建模板文档并将其命名保存后,其文件扩展名为".dwt"。并且系统会自动在站点管理器中出现一个保存模板文件的文件夹,一个名称为"Templates"的文件夹,如果站点中有这个文件夹,那么模板将会自动保存在这个文件夹中。

（2）在新建文档中的可编辑区域修改相应的内容,编辑完成的网页在编辑窗口中的效果如图 13-13 所示。

（3）保存文件,预览效果。

步骤五　设置其他页面

用同样的方法,通过模板设置多个相同风格的页面。

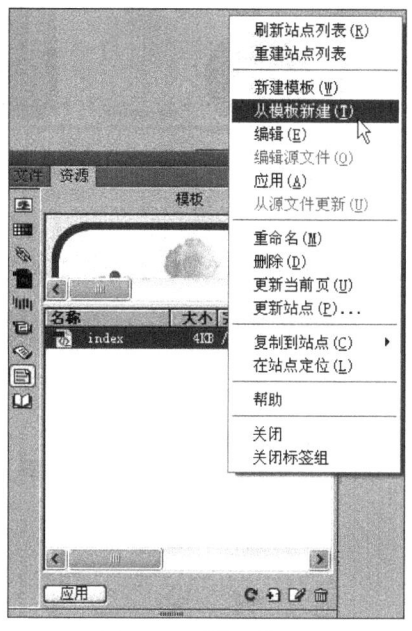

图 13-12　【资源】面板

图 13-13　编辑后生成页面的效果

步骤六　创建库项目

假如在页面的设计中,底端添加一幅如图 13-14 所示的图片,图片中还要有热区链接,那么每制作一个页面就需要添加一次,非常麻烦,我们可以将这个图片创建成一个库项目,然后在需要的页面中插入这个库文件就可以了。本任务中要完成的网页效果如图 13-1、图 13-2 所示,就需要在前面制作的页面中添加这个图像对象。

图 13-14   添加的对象

（1）新建一个库项目。选择【文件】→【新建】选项，弹出如图 13-15 所示的对话框，选择【空白页】中的【库项目】，单击【创建】按钮即可创建空库文档。

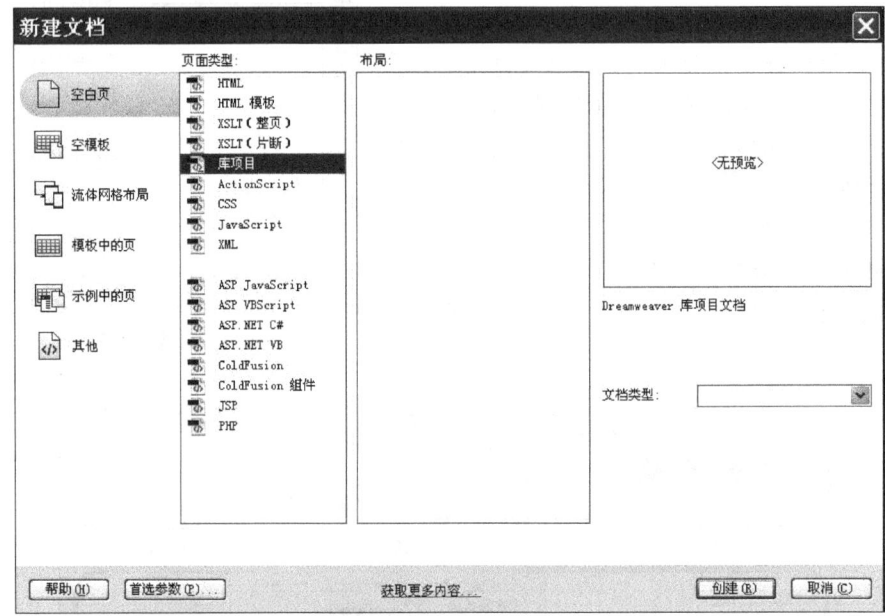

图 13-15   新建库项目

（2）创建一个 1 行 1 列的定位表格，表格宽度 780 像素，边框粗细为 0。

（3）插入图片，在这个图片上的每种化妆品的区域做热区链接，设置为空链接。

（4）保存文件，命名为"bt"。

也可以在一个普通的网页文档中进行编辑，选中要转换为库文件的内容，切换到【资源】面板，单击【库】按钮 📖，由于还没有建立好的库项目，【库】面板当前还是空白的，单击【库】面板下方的【新建库项目】按钮，如图 13-16 所示。在【库】面板中添加了库项目的同时，会高亮显示 Untitled 的名称，将其重新命名即可，这里命名为"bt"。

或者在【库】面板中单击【新建库项目】按钮，创建空库文档后，再双击库文档名称，在文档中直接编辑，如图 13-17 所示。

提示：当创建库项目文件并将其命名保存时，文件的扩展名是".lbi"，系统默认的保存目录是一个名称为"Library"的文件夹，在本地站点中没有"Library"文件夹的时候，Dreamweaver 会自动生成文件夹，并在其中保存库项目。

库 ——

新建库项目

图 13-16 【资源】面板

图 13-17 修改库文件名称

步骤七 在网页中插入库

（1）打开"index.html"文件，在版权信息上方插入一行。

（2）将鼠标指针移到这行中，打开【库】面板，选中"bt.lbi"库文件，单击面板下方的【插入】按钮，即可完成操作。

（3）保存文件，预览最终效果。

步骤八 修改模板

（1）打开"index.dwt"模板文件，为导航条做热区链接，"首页"链接到"index.html"页面，"爽肤"链接到"link.html"页面。

（2）在版权信息上方插入一行。

（3）将鼠标指针移到这行中，插入"bt.lbi"库。

（4）保存文件，弹出如图 13-18 所示的对话框，单击【更新】按钮，更新完毕后，弹出如图 13-19 所示的对话框，单击【关闭】按钮即可将前面用此模板创建的文件全部修改，本任务中"link.html"的页面效果将

图 13-18 【更新模板文件】对话框

直接修改完毕。如果单击【不更新】按钮，那么只修改这个模板，对其他文件不做应用。

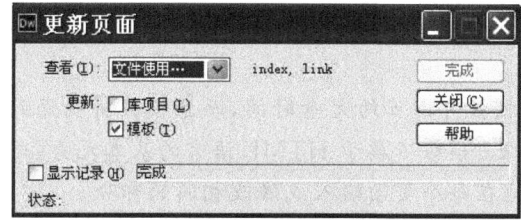

图 13-19 【更新页面】对话框

（5）预览最终效果。

（一）【资源】面板

在使用模板和库时都离不开如图 13-16 所示的这个【资源】面板，【资源】面板将网页的元素划分为 9 类，在面板的左侧从上到下依次垂直排列：图像█、颜色█、URLs █、SWF █、Shockwave █、影片█、脚本█、模板█、库█。在面板的右侧是列表区，分为上栏和下栏，上栏是所选元素的预览图，下栏是明细列表。例如，前面单击了【库】按钮，在右边显示出库文件列表。在面板的底部排列着 4 个按钮。

1. 刷新站点列表按钮█

当库文件被修改，单击这个按钮可以更新站点内运用这个库项目的文件。

2. 新建库项目按钮█

单击这个按钮可以创建一个新的库项目文件。

3. 编辑按钮█

在库列表中选中一个库文件，单击这个按钮，将会打开库文件，进行编辑。

4. 删除按钮█

在库列表中选中一个库文件，单击这个按钮，将会删除这个文件。

提示：当选择这 9 个不同的网页对象时，面板底部的按钮会稍有变化，但基本操作是一样的。

（二）关于模板

Dreamweaver CS6 中的模板是一种特殊类型的文档，用于设计锁定的页面布局。模板主要用于版式结构相似的页面中，可以提高网站制作与更新的效率。大部分网页都会在整体上具有一定的格式，但局部会进行改变，所以，使用模板可以很容易地将需要更换的内容部分和不变的固定部分分别进行标识，并且可以一次性地修改以它为基础的所有网页文件。

从前面的任务中知道模板文档保存在 Templates 文件夹中，但值得注意的是，Templates 文件夹内的模板文件不可以移动到其他地方或保存到其他文件夹中，而且保存在本地站点根文件夹里的 Templates 文件夹也不可以随意移动位置。使用模板制作的文档都是从模板上载入信息，因此模板文件的位置发生变化时，会出现与预期的网页文件截然不同的情况。

提示：适当地使用模板可以节约大量时间，而且模板将确保站点拥有统一的外观和风格，更易为访问者导航。模板不属于 HTML 语言的基本元素，是 Dreamweaver 特有的内容，它可以避免重复地在每个页面输入或修改相同的部分。

（三）建立模板区域

模板生成后，就可以在模板中分别定义可编辑区域、可选区域和重复区域等。

1.可编辑区域

当用户执行【另存为模板】命令,将一个已经存在的页面转换为模板时,整个文档将被锁定。如果企图在这种状态下从模板创建文档,那么系统将警告用户该模板没有任何可编辑的区域,同时用户将不能改变页面上的任何内容。因此,只有定义了可编辑区域的模板才能应用到网站的网页中去。可以将网页中任意选中的区域设置为可编辑区域。

从前面的任务中我们已经知道如何创建可编辑区域了,那么如何删除可编辑区域呢?

(1)将鼠标指针移到要删除的可编辑区域内,选择【修改】→【模板】→【删除模板标记】命令,即可删除可编辑区域。

(2)还可以将鼠标指针移到要删除的可编辑区域内,右击,从弹出的快捷菜单中选择【模板】→【删除模板标记】命令,即可删除可编辑区域。

(3)也可以在编辑窗口中单击可编辑区域的名称标签,然后按退格键或 Del 键,即可删除可编辑区域。

提示:创建可编辑区域时,可以将整个表格或单独的表格单元格创建为可编辑区域,但不能将多个表格单元格标记为单个可编辑区域。

2.可选区域

可选区域是在创建模板时定义的。在使用模板创建网页时,对于可选区域的内容,可选择是否显示。其创建方法与可编辑区域的创建方法相同,将打开如图 13-20、图 13-21 所示的对话框。

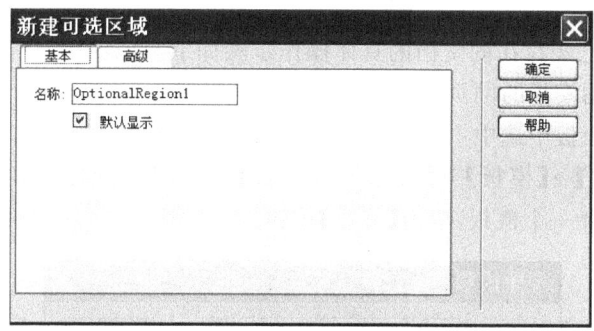

图 13-20 【新建可选区域】对话框中的【基本】选项卡

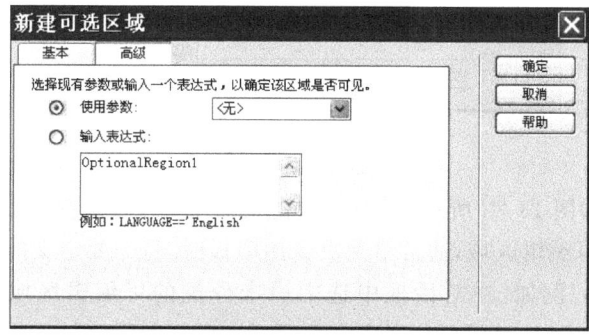

图 13-21 【新建可选区域】对话框中的【高级】选项卡

（1）名称：可为这个可选区域命名。

（2）默认显示：用于设置可选区域在默认情况下是否在基于模板的网页中显示。

（3）使用参数：如果要链接可选区域参数，选择要将所选内容链接到的现有参数。

（4）输入表达式：如果要编写模板表达式来控制可选区域的显示，在文本框中输入表达式。

3．重复区域

在模板中定义重复区域，可以让用户在网页中创建可扩展的列表，并可保持模板中表格的设计不变。重复区域可以使用两种重复区域模板对象：区域重复或表格重复。重复区域是不可编辑的，如果想编辑重复区域中的内容，需要在重复区域内插入可编辑区域。其创建方法与可编辑区域的创建方法相同。

（四）删除文档中使用的模板

若要对基于模板创建的文档中的锁定区域进行修改，必须要将文档从模板中分离出来。具体操作方法如下。

（1）打开利用模板创建好的网页文档。

（2）选择【修改】→【模板】→【从模板中分离】命令。

（3）这样，网页就会从模板中分离出来，整个文档都变为可编辑的。

（五）将模板应用到已存在的文档

将模板应用到已经存在的文档的具体操作步骤如下。

（1）打开要套用模板的网页。

（2）从【资源】面板中选中一个模板，单击下面的【应用】按钮。

或者选择【修改】→【模板】→【应用模板到页】命令，弹出如图 13-22 所示的【选择模板】对话框，从中选择一个模板，单击【选定】按钮。

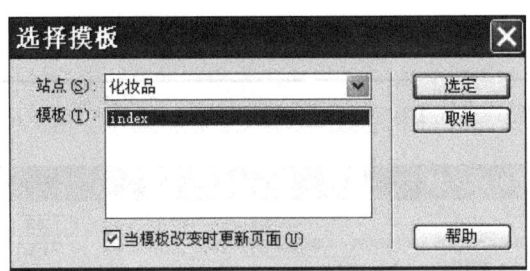

图 13-22　【选择模板】对话框

（3）然后弹出如图 13-23 所示的【不一致的区域名称】对话框，该对话框主要用于为网页上的内容分配可编辑区域，通常给网页套用模板时，将需要定义的内容插入到模板中的可编辑区域即可。例如，在对话框中选中尚未分配的可编辑区域的内容"Document body"，在【将内容移到新区域】下拉列表中选择对应的可编辑区域。

（4）单击【确定】按钮，当前的网页文档就套用了已有的模板。

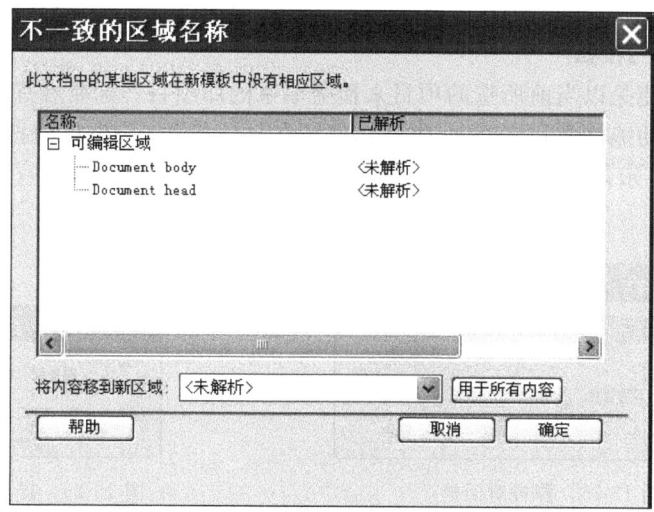

图 13-23 【不一致的区域名称】对话框

（六）创建库项目与设置库属性

库是一种特殊的 Dreamweaver 文件，其中包含了已创建以便放在网页上的单独的资源或资源复制的集合。库中可以存储图像、表格、声音等各种各样的页面元素。库项目是可以在多个页面中重复使用的存储页面元素，每当更改某个库项目的内容时，都可以自动更新所有使用该项目的页面。

提示：创建库项目插入到网页文件中的时候，库文件也要一起上传到网页服务器上，即应该将本地站点上生成的 Library 文件夹全部移动到网页服务器上。

通过库的属性面板，可以指定库项目的源文件或更改库项目，也可以重建库项目。在文档编辑窗口中选中一个库项目后，将打开如图 13-24 所示的属性面板。

图 13-24 库项目属性面板

1.【源文件】

显示库项目的源文件。

2.【打开】按钮

单击此按钮，将会打开选中的库项目源文件，可以对其进行再编辑。在不单击该按钮的情况下，也可以在【资源】面板中单击【库】按钮后，再双击库项目。

3.【从源文件中分离】按钮

该工具的功能是将当前选择的对象从库项目中分离出来，这样就可以对库文件进行再编辑了。但是以后再对库项目进行的修改，都不会自动更新网页中的库项目了。在具体操作中,单击此按钮后,会弹出如图 13-25 所示的警告对话框,单击【确定】按钮完成操作。

4.【重新创建】按钮

该工具的功能是以当前所选的项目来覆盖原来的库项目。通常在库项目文件不小心被删除后使用该功能恢复以前的库项目文件。在具体操作中,单击此按钮后,会弹出如图 13-26 所示的提示对话框,单击【确定】按钮完成操作,但要注意的是这将会使原来的库项目文件被覆盖。

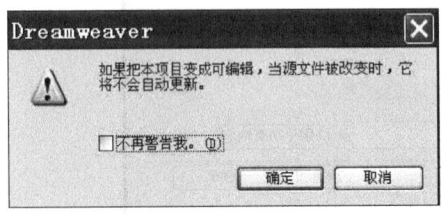

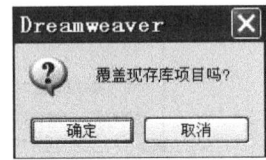

图 13-25　警告对话框　　　　　　　　图 13-26　提示对话框

(一)任务展示

现有一汽车沙龙成立,要制作一个网站来介绍、宣传汽车的相关信息,本任务实现的网页效果图如图 13-27 所示。

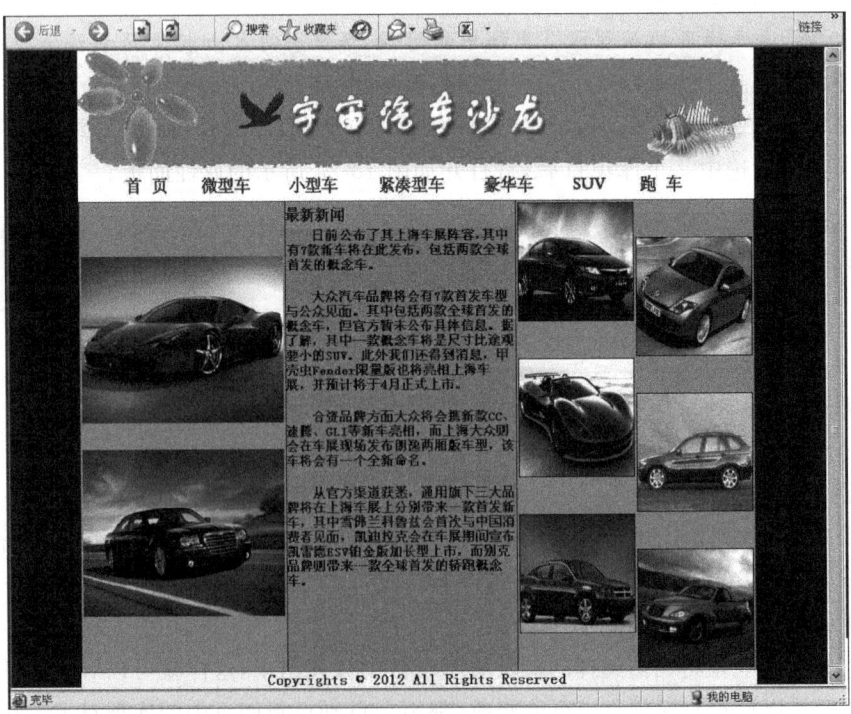

图 13-27　首页效果图

（二）制作要点提示

（1）创建站点，主题为"汽车沙龙"。

（2）制作如图 13-27 所示的网页。

（3）将网页中的右侧六幅图片欣赏制作为库项目，在后面的个别页面中要使用。

（4）运用这个页面生成模板，其中，左边两幅图片、中间文字部分均设置为可编辑区域。

（5）制作风格相类似的其他几个页面。

小 结

本任务主要介绍了模板和库的创建、管理和编辑方法。通过学习，读者应该会应用模板来创建网页，用库项目来为网页添加元素，熟练地使用模板和库来有效地提高网页的制作效率，制作出更加专业的页面。

练 习

一、填空题

1. 在模板中，有些区域是可以编辑的，称为_____，有些区域是不可以编辑的，称为_____。

2. 在 Dreamweaver 中，用户创建的模板存放在本地站点的_____文件夹中。

3. 在 Dreamweaver 中，用户创建的库项目文件默认地存放在本地站点的_____文件夹中。

4. 在 Dreamweaver 中，模板文档的扩展名为_____，库项目文件的扩展名为_____。

二、选择题

1. 在 Dreamweaver 中，利用模板和库可以将网站设计的风格（　　）。

　　A. 变化　　　　B. 统一　　　　C. 没有影响　　　　D. 以上说法都不正确

2. 以下（　　）网页元素不在【资源】面板上。

　　A. 模板　　　　B. 库　　　　C. CSS 样式　　　　D. 图像

上 机 操 作

为学校社团制作一个网站，制作出一个首页效果，要求保持其他页面风格一致，制作一个模板，根据模板制作其他页面。

任务14

为页面增加动感效果

页面的互动性能够增加页面的美观和实用程度，实现页面的动态效果，丰富页面的信息含量，极大地提高浏览者的兴趣。这些动态效果包括弹出式菜单、选项卡式面板、各种提示信息及各类动画等。通常，这些效果需采用某种脚本语言（如 JavaScript）编程实现，但在 Dreamweaver 中，我们只须简单地在网页中插入行为或 Spry 构件，即可轻松实现以上效果，而不必亲自编程。本任务的一些效果就是通过在网页插入几种行为和 Spry 构件来实现的。大家在完成该任务后，应该能够理解和掌握行为及 Spry 构件的使用。

任务描述

现一首饰公司要制作一个官方网站，需要做产品的展示，希望能够通过丰富的页面效果吸引更多消费者的眼球，抓住更多的客户群，本任务完成的网页效果如图 14-1 所示。

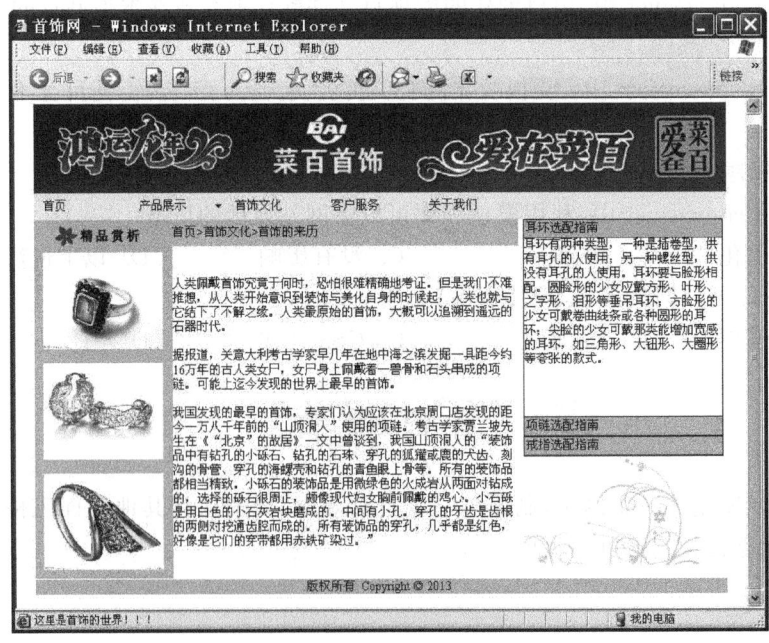

图 14-1　网页效果图

任务目标

（1）能够理解事件和动作。

（2）能够理解行为。

（3）能够在网页中为元素插入特定的行为。

（4）了解 Dreamweaver 提供的常用行为。

（5）能够使用 Spry 构件。

任务分析

本任务制作了一个首饰主题页面，页面上通过行为和 Spry 构件实现了许多动态效果，如下拉式菜单、折叠式的面板、状态栏文本等。这些效果使得页面富有活力和动感，增加了页面的趣味性。大家在制作过程中要掌握行为和 Spry 构件的添加过程，理解事件和动作。另外，在制作过程中，采用了表格布局页面，希望大家继续熟练表格的使用。

本任务中要完成的具体工作如下。

（1）制作网页，主题为"首饰网"；

（2）采用表格和嵌套表格布局页面；

（3）通过添加设置文本行为，为页面添加状态栏文字；

（4）添加打开浏览器窗口行为；

（5）通过 Spry 构件制作下拉式菜单导航；

（6）通过 Spry 构件制作折叠式的面板。

实施步骤

步骤一　新建一个文件夹和网页

（1）启动 Dreamweaver CS6，创建一个本地站点，名称为"首饰网"，保存在 E:\chapter14。

（2）在站点根文件夹下建立一个子文件夹 images，用来保存图像素材（把要用的图像文件均复制到这个文件夹下）。

（3）在站点管理器中，右击站点根文件，在出现的下拉菜单中选择【新建文件】选项，创建一个 HTML 文件，将其命名为"index.html"，设置页面属性，字体采用宋体，字号为 14。

步骤二　插入表格布局页面，利用 Spry 构件制作导航

（1）在文档中插入一个 4 行 1 列、宽为 800 像素的表格并居中，在第一行中插入网页主题图片。

（2）将表格第二行背景色设置为♯EEEEEE。选择菜单栏中的【插入】→Spry→

【Spry 菜单栏】命令,在第二行中插入一个 Spry 构件,制作下拉式导航菜单,如图 14-2 所示。

图 14-2   插入 Spry 菜单栏

(3) 根据需要增减一级和二级菜单项,修改菜单项的名字,如图 14-3 所示。

图 14-3   修改导航菜单项

说明:为了演示需要,在此我们把每个菜单项均设置成了空链接。

步骤三   通过行为设置精品赏析板块的特效

(1) 将表格第三行拆分成三列,将左侧列宽设为 160 像素,垂直顶端对齐,中间列宽设为 410 像素,垂直顶端对齐,右侧列宽设为 230 像素,垂直顶端对齐。在左侧列中嵌套一个 6 行 1 列的单元格,设置背景色 #FFCC99,宽度为 100%。在该嵌套表格的第一行中插入栏目名字,在第二、第四、第六行分别插入一幅首饰图片,首饰图片的宽度设为 140 像素,高为 108 像素,并且居中对齐,如图 14-4 所示。

(2) 为三幅首饰图片添加行为,使得当鼠标移动到图片上时,图片有渐隐渐现的感觉。在设置行为前,先要打开【行为】面板,方法是:选择菜单栏中的【窗口】→【行为】命令,打开【行为】面板,如图 14-5 所示。首先选中第一幅图片,然后单击【行为】面板中的添加行为按钮 ✦,弹出如图 14-6 所示的菜单,选择【效果】→【显示/渐隐】选项。在弹出的对话框中设置相应参数,如图 14-7 所示。

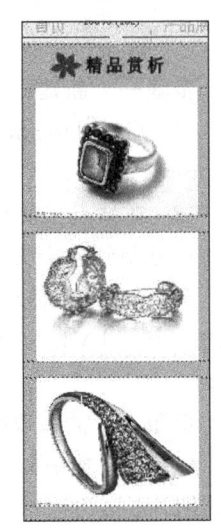

图 14-4   左侧列设置

到此,行为的添加还没有完成,接下来还要设置行为中的事件。网页在浏览器中显示时,其中的每个元素都有若干个事件可能发生,图片元素也是如此,因此,还要设置当图片元素的哪个事件发生时渐隐渐现效果出现。在此,选择当鼠标移动到图片元素上这一事件发生时效果出现,该事件的名字叫作"onMouseOver",如图 14-8 所示。接下来依次为第二幅和第三幅图片执行相同操作,设置渐隐渐现效果。

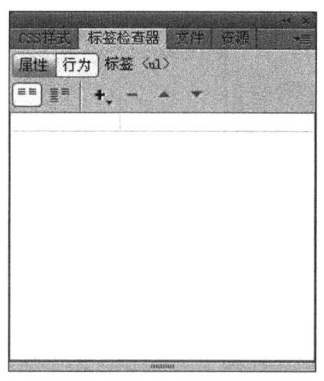

图 14-5 行为面板

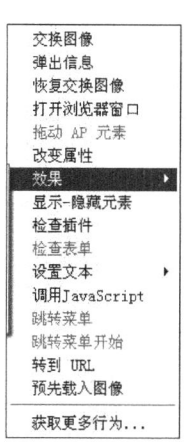

图 14-6 添加行为

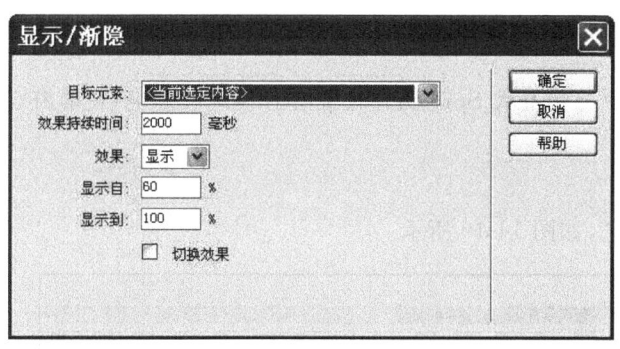

图 14-7 设置效果参数

图 14-8 选择事件

步骤四 制作页面主体中部内容

(1)在左侧列中制作完成精品赏析板块后,继续在中间列中嵌套一个 2 行 1 列、宽为 100％的表格。

(2)设置表格第一行背景色,并在第一、第二行中添加相应的文本内容。

步骤五 利用 Spry 构件制作页面主体右侧折叠式面板效果

(1)在右侧列中嵌套一个 2 行 1 列的表格,宽为 100％。选择菜单栏中的【插入】→Spry→【Spry 折叠式】命令,在表格第一行中插入一个 Spry 构件,制作折叠式面板,在第二行中插入一幅装饰图片。

(2)默认插入的折叠式面板只有两个选项,我们通过属性面板增加一个选项,并修改

其标题,在内容中输入相应的文本。然后通过 CSS 面板调整其外观样式,使其标题栏的
背景色为♯FFCC99,如图 14-9 所示。

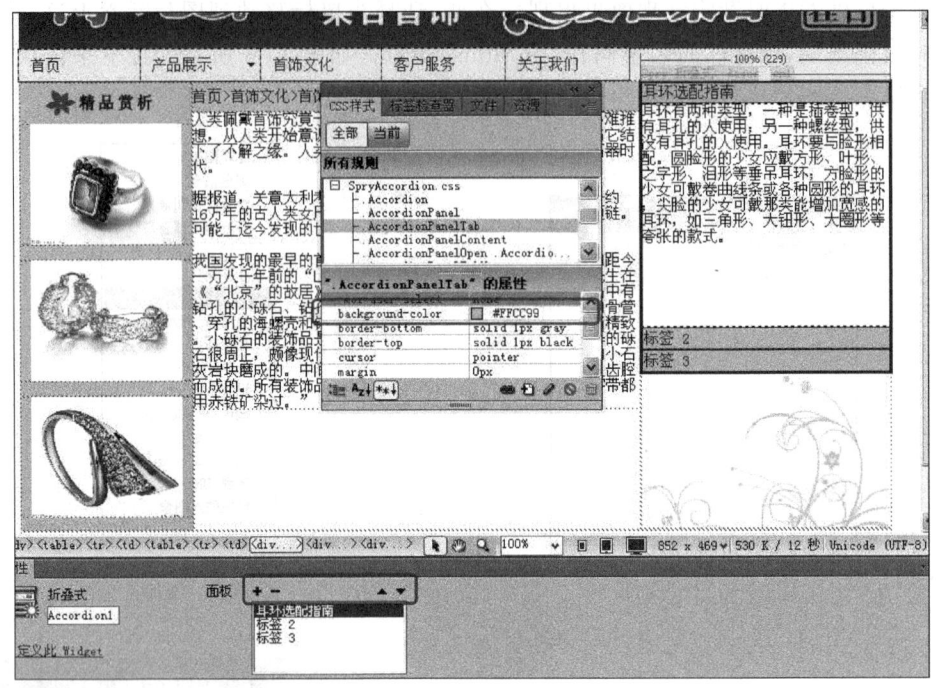

图 14-9   设置折叠式面板

提示:我们可以在 CSS 面板中为折叠式 Spry 构件设置各种样式和外观,使其符合我
们页面的各种布局和颜色需要。

步骤六   制作版权信息

在表格最下一行制作版权信息,如图 14-10 所示。

图 14-10   制作版权信息

步骤七   通过行为实现状态栏文本的显示

为文档元素添加"显示状态栏文本"行为,使得当网页加载到浏览器显示时,在状态栏
中显示指定的文本信息。首先单击编辑窗口下方网页标签栏中的<body>标签,选中整
个文档,然后单击【行为】面板中的添加行为按钮➕,在弹出的菜单中,选择【设置文本】→
【设置状态栏文本】选项。在弹出的对话框中设置状态栏需要显示的文本,如图 14-11 所
示。接下来还要设置行为中的事件,网页在浏览器中显示时,其中的每个元素都有若干个
事件可能发生,文档元素也是如此,因此,还要设置当文档元素的哪个事件发生时显示状
态栏文本。在此我们选择当文档元素加载到浏览器这一事件发生时显示状态栏文本,该

事件的名字叫作"onLoad",如图 14-12 所示。

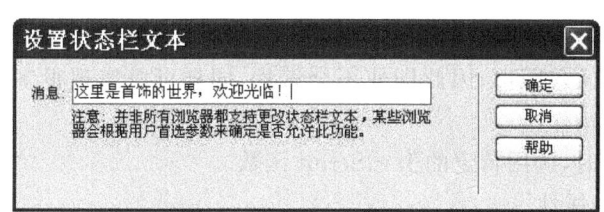

图 14-11 设置状态栏文本

图 14-12 选择事件

步骤八　保存文件,预览最终效果

(一)事件和动作的概念

什么是事件?比如我们在张三身上打了一下,此时对于张三来说,就是发生被打事件。同样的原理,当我们浏览网页时,若在网页上单击某个元素(如图像或文本),对于该元素来说就发生了单击事件。因此事件是当用户与网页交互时,对网页或网页上的元素对象产生的操作。那么什么是动作?张三在被打事件发生后,可能会做出适当的反应,比如还击、逃跑等。同样,在网页元素发生单击事件之后,也可能做出某些响应,只不过它们的响应是执行特定的程序,这种特定程序的执行称为动作。因此,动作也可以说是一段预先编好的脚本程序(如用 JavaScript 语言编写),用来完成特定功能。

(二)Dreamweaver 中事件和动作的种类

每一种网页元素对象在网页被浏览时,都有可能发生若干个事件。这些网页元素的事件很多是相同的,但根据网页元素类型的不同,也有少部分的差别。下面列出了一些常见的事件及事件的发生时刻。

(1) onLoad:当元素向浏览器加载并显示时发生的事件。

(2) onResize:访问者改变窗口或框架的大小时发生的事件。

(3) onClick:鼠标单击网页的元素时发生的事件。

(4) onBlur:鼠标移动到窗口或框架的外侧等非激活状态时发生的事件。

(5) onFocus:鼠标移动到窗口或框架中处于激活状态时发生的事件。

(6) onDblclick:鼠标双击网页的元素时发生的事件。

(7) onKeyDown:键盘上的某个键被按时触发此事件。

(8) onKeyPress:键盘上的某个键被按且释放时触发此事件。

(9) onMouseMove:鼠标经过选定元素的上面时发生的事件。

(10) onMouseOut:鼠标离开选定的元素时发生此事件。

（11）onMouseDown：鼠标左键被按下时发生此事件。

（12）onMouseUp：鼠标左键被释放时发生此事件。

动作是编写好的完成某种特定任务的程序。一般情况下，需要编写者熟悉某种脚本语言（如 JavaScript）来完成程序的编写。但 Dreamweaver 为我们预先编写好了很多常用的动作程序，用的时候，只需简单的插入即可，因此即使不会编程，同样可以实现很多功能。下面是 Dreamweaver 中的预设动作。

（1）调用 JavaScript：发生事件时，调用特定的 JavaScript 函数。

（2）改变属性：更改选定元素的属性。

（3）检查插件：检查浏览器中所需插件的安装情况。

（4）效果：实现元素的挤压、晃动、滑动等各种动态效果。

（5）拖动 AP 元素：设定可以在浏览器中自由移动的层。

（6）转到 URL：发生指定的事件时跳转到指定的网站或网页文档。

（7）跳转菜单：制作可以一次设定多个链接的跳转菜单。

（8）跳转菜单开始：在跳转菜单中选择要跳转到的网站后，只有单击 Go 按钮时才跳转。

（9）打开浏览器窗口：显示一个新的浏览器窗口。

（10）弹出信息：发生指定的事件时显示弹出信息。

（11）预先载入图像：发生指定事件时，预先下载某幅图像，加快显示速度。

（12）设置文本：在选定的框架、层或者状态栏中显示指定的内容。

（13）显示和隐藏元素：发生指定的事件时，显示和隐藏指定的元素。

（14）交换图像：发生指定事件时，把选定图像替换为其他图像。

（15）恢复交换图像：应用交换图像动作后，显示原图像。

（16）检查表单：检查表单数据的有效性。

（三）行为的概念

在 Dreamweaver 中，行为是为响应某一具体事件而采取的一个或多个动作。因此，行为的概念中涉及了事件和动作，在 Dreamweaver 中，正是通过为元素简单地添加行为，方便地实现了交互式的动态网页效果。需要注意的是，在添加行为前，一定要选中行为要实施的网页元素，如图 14-13 所示。

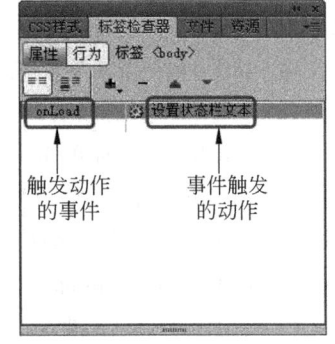

图 14-13　行为面板

（四）Spry 构件

Spry 框架构件是一个 JavaScript 库，我们使用它可以构建能够向网页浏览者提供更丰富体验的页面。有了这种构件，就可以使用 HMTL、CSS 和极少量的 JavaScript 向各种页面元素中添加不同种类的效果（如折叠构件和菜单栏）。每个 Spry 构件都由 3 个部分构成：①构件结构，用来定义构件结构组成的 HTML 代码块，这部分代码直接插入到网页中；②构件行为，用来控制构件如何响应用户启动事件的 JavaScript,这部分代码单独存放在一个脚本程序文件中;③构件样式,用来指定构件外观的 CSS,这就是我们熟悉的 CSS 代码,也单独存放在一个 CSS 样式表文件中。因此,每当我们插入一个构件时,系统就会提示产生并关联相关的脚本文件及 CSS 文件,并自动存放在站点 SpryAssets 文件夹中,其中脚本文件的后缀为".js",样式表文件的后缀为".css",如图 14-14 所示。与给定构件相关联的 CSS 和 JavaScript 文件根据该构件命名,因此,用户很容易判断哪些文件对应于哪些构件。例如,与折叠构件关联的文件称为 SpryAccordion.css 和 SpryAccordion.js。当插入构件的默认外观不符合要求时,可以自己通过修改 CSS 样式表中的属性值,调整构件的外观样式,使其融入页面的整体效果中。

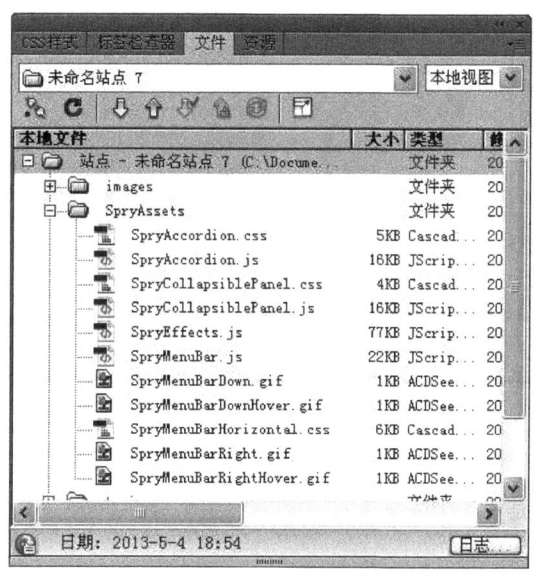

图 14-14　构件相关文件

Dreamweaver CS6 提供的 Spry 构件包括 Spry 菜单栏、Spry 选项卡式面板、Spry 折叠式、Spry 可折叠式面板以及 Spry 工具提示。菜单栏是一系列导航按钮,当光标指向某个按钮时可以弹出级联菜单项,使网页在有限的空间内显示大量导航信息。选项卡式面板、折叠式及可折叠式面板是一系列可以在收缩的空间内存储信息内容的面板,浏览者可单击面板标签隐藏或显示相应的内容。Spry 工具提示是指能实现当用户将光标悬停在页面元素上时,构件会显示信息,而移开光标时,提示信息会消失。

 任 务 拓 展

(一)任务展示

本拓展任务效果如图 14-15 所示。

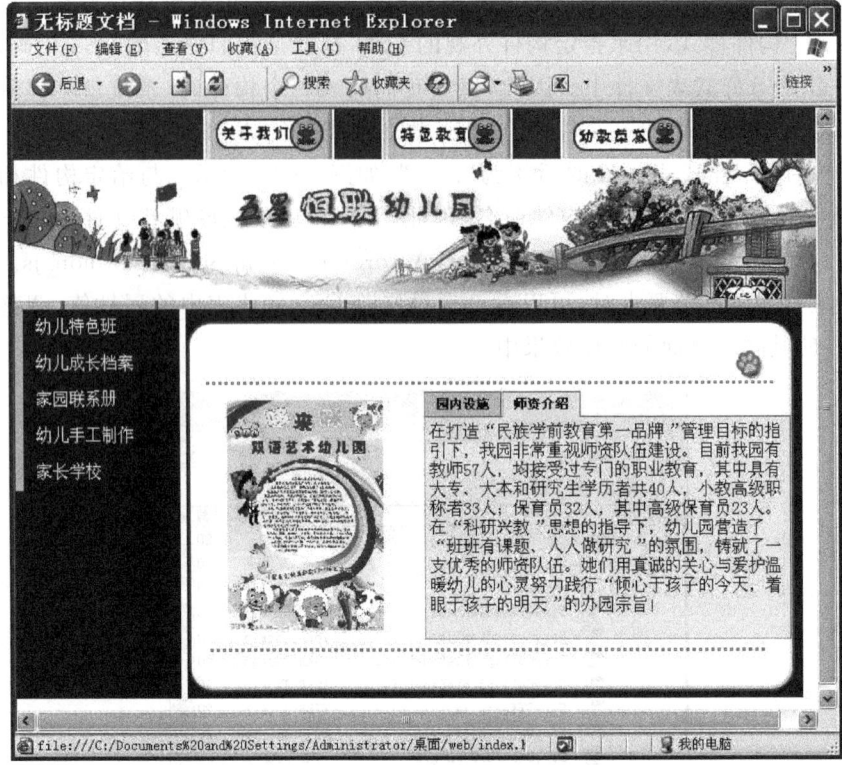

图 14-15   网页效果图

（二）制作要点提示

（1）建立页面文件"index.html"。

（2）通过表格规划布局页面。

（3）添加打开浏览器窗口行为，实现通知的自动打开，窗口大小为 300 像素×160 像素。

（4）通过行为为主导航中的三幅图片添加晃动效果。

（5）添加弹出信息行为。

（6）利用 Spry 构件制作子导航。

（7）利用 Spry 构件制作选项卡式面板。

小   结

这个任务通过简单地添加行为和 Spry，实现了许多需要编程才能实现的动态效果，大大方便了我们页面的设计和开发。行为涉及事件和动作两方面的内容，事件是当网页元素在浏览器中显示时，可能发生在上面的若干操作；动作则是事件发生时引发的特定程序，该程序将能完成特定的功能。事件有很多种，Dreamweaver 也提供了许多预定动作，因此添加了一个行为后,要指明行为中引发动作的事件及事件引发的动作。必须注意的是,在添加行为前一定要选择行为实施的元素。Spry 构件其本质就是用 CSS 和 HTML 配合 JavaScript 编程实现的各种特效库,我们可以在页面中直接插入使用,还可以自行通过 CSS 修改其默认的外观样式。

练 习

一、填空题

1. 当鼠标单击某个元素时发生的事件为_____。
2. 实现下拉菜单可采用_____构件。
3. 鼠标事件中的"onMouseMove"表示的是_____。
4. 事件"onKeyPress"在_____时会发生。

二、选择题

1. 下面(   )不是页面载入事件。

   A. onMouseOut   B. onKeyPress   C. onLoad   D. onMousein

2. 对行为操作的面板是(   )。

   A. 行为面板   B. 属性面板   C. 层面板   D. 对象面板

3. OnDblClick 表示(   )事件。

   A. 当鼠标从特定对象上移开时,就会发生该事情

   B. 当特定对象被双击时就会发生该事情

   C. 当鼠标被按下后又被释放时,该事情会发生

   D. 当特定对象被单击时会发生该事情,如链接、按钮、图像等

4. 可在(   )面板上对插入的 Spry 下拉菜单构件外观进行修改。

   A. CSS 面板   B. 行为面板   C. 属性面板   D. 都不是

上 机 操 作

把本任务中下拉菜单背景色调整为橘黄,并修改 CSS 样式,将本任务中折叠式面板的标题文本颜色改为白色。

任务15

架设Web服务器发布网站

网站开发完毕,最后要发布到互联网上供用户浏览。网站的发布需要使用 Web 服务器,这是一种专门的软件,需要安装和配置。Windows 操作系统为我们提供了这种服务器软件,它就是 IIS。本任务就是要完成该 Web 服务器软件的安装和配置,并将开发完毕的网站发布到服务器上。

 任务目标

(1) 能够安装 IIS。
(2) 能够在 IIS 中建立 Web 站点。
(3) 能够将网站发布到 IIS。

 任务分析

IIS 是 Windows 提供的一套网络服务器软件,作为 Windows 2003 或 Windows XP 的一个组件出现。在安装过程中需要 Windows 2003 或 Windows XP 的安装光盘。安装完该软件后,计算机就可以作为一个 Web 服务器了。在上面就可以发布我们的网站。本书以 Windows 2003 Server 版本为例讲述,在 Windows XP 上的操作过程类似。本任务要完成的具体工作如下。

(1) 添加 IIS 组件。
(2) 测试 Web 服务器是否正常。
(3) 建立一个新的 Web 站点。
(4) 将网站发布到 Web 服务器。

 实施步骤

步骤一　配置计算机的 IP 地址

选择【开始】→【设置】→【控制面板】命令,打开控制面板,在控制面板中双击【网络连接】图标,打开【网络连接】窗口。在窗口中双击【本地连接】图标,打开如图 15-1 所示的窗

口,然后单击【属性】按钮,打开如图 15-2 所示的窗口,在其中选择【Internet 协议(TCP/ IP)】选项并单击【属性】按钮。按图 15-3 所示配置该计算机的 IP 地址为 192.168.1.1。

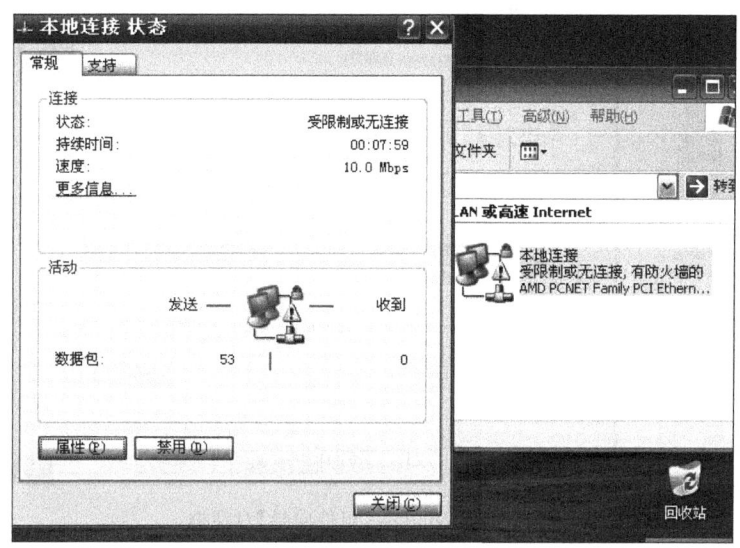

图 15-1　本地连接

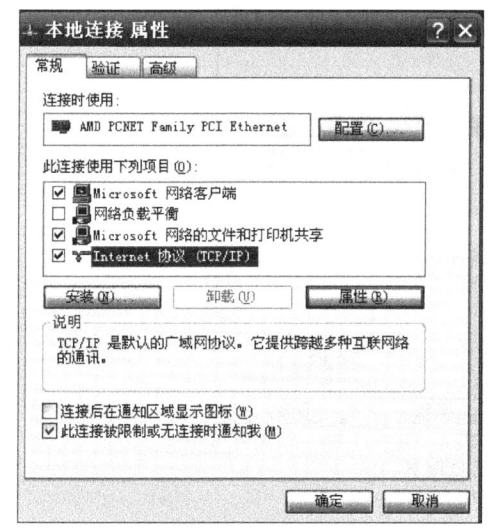

图 15-2　本地连接属性

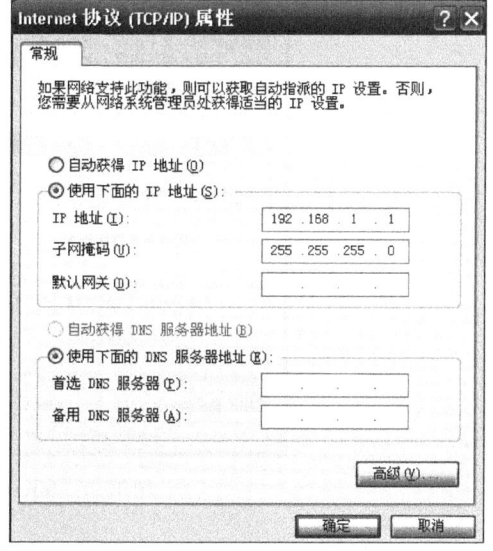

图 15-3　配置 IP 地址

步骤二　添加 IIS 组件,安装 Web 服务器

(1) 选择【开始】→【设置】→【控制面板】命令,打开控制面板,在控制面板中双击【添加或删除程序】图标,打开【添加或删除程序】对话框。在该对话框的左侧栏中单击【添加/删除 Windows 组件】,打开【Windows 组件向导】对话框,如图 15-4 所示。

(2) 选择【应用程序服务器】选项,单击【详细信息】按钮。如图 15-5 所示,在打开的

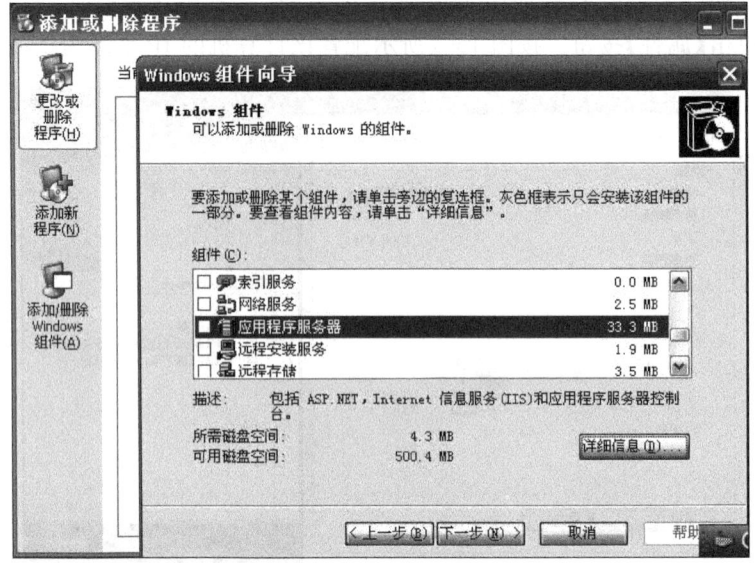

图 15-4　【Windows 组件向导】对话框

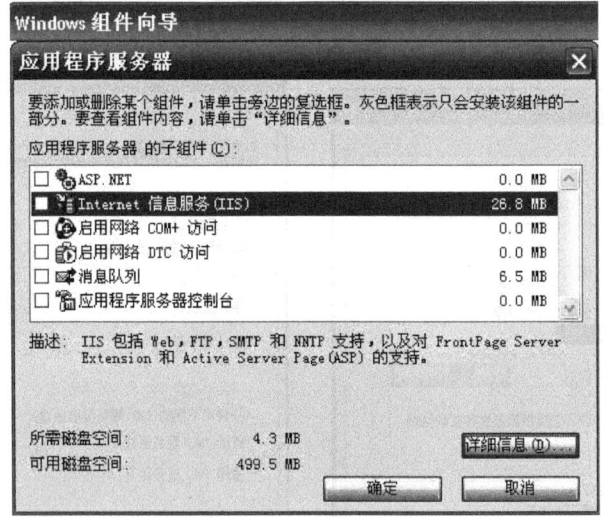

图 15-5　Internet 信息服务(IIS)

窗口中选择【Internet 信息服务(IIS)】组件,并单击【详细信息】按钮。我们可以看到,其实 IIS 包括了很多服务组件,如 FTP、NNTP、SMTP 等,我们只需要其中的万维网服务 (Web 服务器)组件,在该组件前打钩即可,如图 15-6 所示。

　　(3) 选择完成,单击【确定】按钮后回到【Windows 组件向导】对话框。单击【下一步】 按钮,系统开始安装,如果没有把 Windows 2003 安装盘放进光驱,可能会弹出提示信息 框,要求插入安装光盘,此时请把准备好的 Windows 2003 安装盘放进光驱,系统继续安 装直至完成。

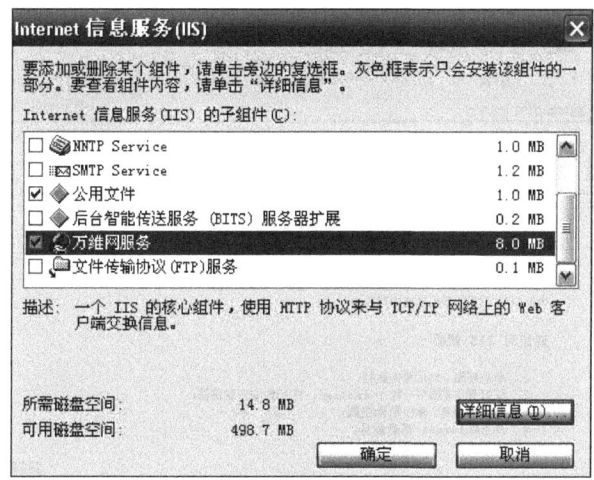

图 15-6 选择必要的组件

步骤三 测试 Web 服务器

（1）先睹为快，我们打开管理界面，看一看安装好的 Web 服务器。选择【开始】→【程序】→【管理工具】→【Internet 信息服务（IIS）管理器】命令。打开如图 15-7 所示的窗口，这里就是我们管理 Web 服务器的地方。单击窗口左侧的【网站】项可以看到，系统已经为我们在 Web 服务器中建好了一个默认网站站点。

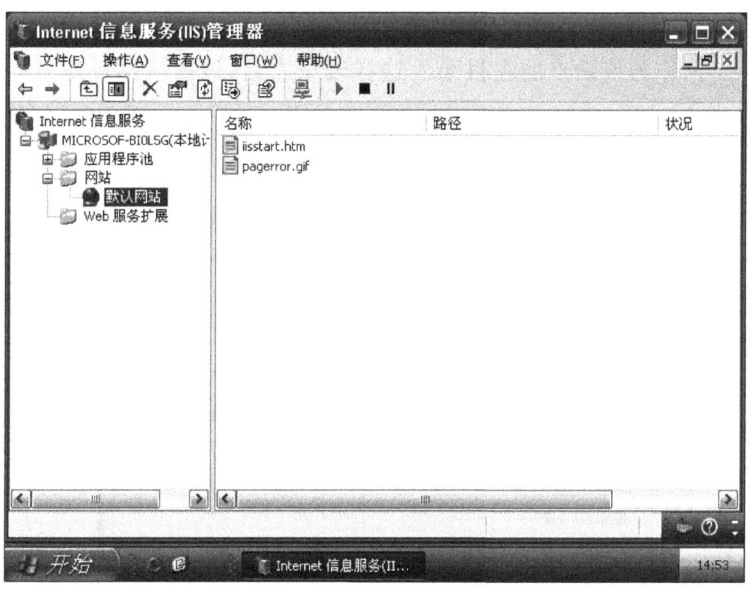

图 15-7 在此管理 Web 服务器

（2）先来测试一下 Web 服务器能否正常工作。打开 IE 浏览器，在地址栏中输入 http://localhost 或者 http://192.168.1.1，Web 服务器工作正常的话将会打开如图 15-8 所示的网页。

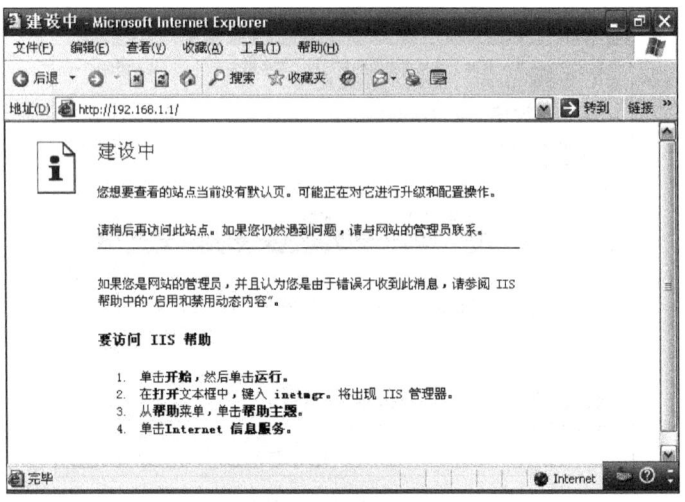

图 15-8　浏览默认站点

步骤四　修改默认站点属性

我们准备利用这个默认站点发布我们的网站,但首先调整一下它的属性。

(1) 配置默认站点的主目录,将其主目录调整到 E:\www 下。站点的主目录就是存放整个站点内容的文件夹,Web 服务器对外发布的网页都存放在该文件夹内。在如图 15-7 所示的左侧窗口中,右击【默认站点】项,在下拉菜单中选择【属性】选项,打开如图 15-9 所示的站点属性窗口,并且切换到【主目录】标签。在【本地路径】中单击【浏览】按钮,选择 E:\www 作为该站点的主目录。这样改完之后,该默认站点所发布的网页都要保存在此文件夹下。

提示:在做此操作前应先在 E 盘建好 www 文件夹。

图 15-9　配置默认站点的主目录

（2）配置默认站点的首页文件名，首页即站点中默认被首先打开的网页，也叫主页，是整个站点的主入口页面，我们在前面任务中开发的每个站点都有一个"index. html"页面，这就是每个站点的首页。IIS默认的首页文件名为"Default. htm"。其他类型的 Web 服务器大多采用"index. htm"或"index. html"，为了让默认站点兼容性更好，我们也把这两个首页文件名加上。在默认站点属性窗口中，切换到【文档】标签，如图 15-10 所示，单击【添加】按钮，在随后打开的【添加内容页】对话框中输入"index. html"并单击【确定】按钮即可。

图 15-10　配置站点可用的首页文件名

步骤五　在默认站点中发布制作好的网站

（1）发布网站很容易，只需将网站中所有文件和文件夹复制到站点主目录中。在此我们以发布前面任务中制作过的一个站点为例说明，将该站点中所制作的所有网页和文件夹复制到主目录 E:\www 下，如图 15-11 所示。站点的首页要直接放在主目录下。

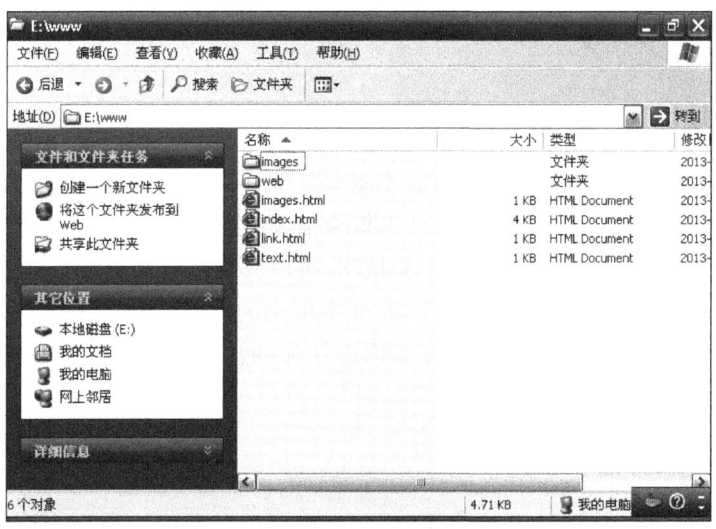

图 15-11　复制网站文件到站点主目录

　　（2）浏览网站，看看是否发布成功。打开 IE 浏览器，在地址栏中输入 http://localhost 或 http://192.168.1.1，Web 服务器会将默认站点中的首页"index.html"发送到客户端的浏览器，浏览器显示如图 15-12 所示。如果该计算机在局域网中，可以在网络中的其他计算机上打开 IE，输入 http://192.168.1.1，应该能够访问到这个站点。

图 15-12　浏览网站

 知 识 链 接

（一）IP 地址

　　网络上的计算机必须有一个 IP 地址才能和其他计算机通信，IP 地址有两种，一种可以在互联网上使用，和互联网上的其他计算机通信，叫作公网 IP 地址，这类地址必须到电信管理部门申请。还有一种则只能用于局域网，可以实现局域网内计算机的通信，叫作私有 IP 地址，这类地址可以随意使用，我们教材中用到的就是这样的 IP 地址，因此本任务所建立的网站只能在局域网内发布。如果你想让你的计算机对整个互联网发布网站，则必须到电信部门申请一个公网 IP 地址。

（二）Web 服务器

　　Web 服务叫 WWW 服务器，Web 服务应该是目前网络中应用最为广泛的网络服务之一。用户平时上网最普遍的活动就是浏览网页文档信息、查询资料，而这些内容都是通过 Web 服务器来发布完成的，换句话说，发布网站，必须使用 Web 服务器。如果 Web 服务器是在互联网上架设的，则可以实现向整个互联网发布网页。而如在局域网内部搭建 Web 服务器，就可以向局域网内部发布 Web 站点，从而创建单位内部网站。用户可以通过多种方式在局域网中搭建 Web 服务器，其中，使用 Windows Server 系统自带的 IIS 是最常用也是最简便的方式。

IIS(Internet Information Services，Internet 信息服务)是一个功能完善的服务器平台，可以提供 Web 服务、FTP 服务等常用网络服务，我们发布网站，需要的就是其中的 Web 服务。借助 IIS，可以轻松实现要求不是很高的 Web 服务器。IIS 集成在 Windows Server 系统中。

对于用户端，要浏览 Web 服务器中的网页，需要使用浏览器软件。这类软件很多，如 IE 就是微软操作系统自带的一种。Web 服务器和 IE 之间的通信采用的是超文本传输协议，即 HTTP，这也就是为什么在 IE 中输入地址时，前面有"http:"的字样。另外，IE 中输入的网页地址被称作浏览器统一资源定位器地址，简称为 URL。

（三）域名

域名大家应该很熟悉了，如 www.sina.com、www.sohu.com 等，实际上就是一个网站的名字，主要是为了方便人们记忆，一个正式的网站一般都有域名，域名对应着网站的 IP 地址。但是域名需要申请，目前许多大型网站可以提供一些免费的域名，并且可以提供给我们一部分免费的空间，供我们发布一些小型的网站，这就免去了我们自己架设网站服务器的麻烦，大家可以试一试。但是对于一个正式的网站，一般来说，还是需要自己做架设服务器和域名申请等工作的。

小　结

网站对外发布，必须通过 Web 服务器，IIS 便是微软在 Windows 2003 和 Windows XP 中自带的一种 Web 服务器。通过本任务，大家应该掌握 IIS 组件的安装过程，理解并能够配置 IIS 中站点的基本属性，特别是主目录和首页的配置。

练　习

一、填空题

1. 网站需要在_____服务器上发布。

2. Windows 中自带的 Web 服务器在_____组件中。

3. IIS 中默认的首页文件名是_____。

二、选择题

1. 连在 Internet 上的每一个网络节点都至少有一个（   ），唯一地标识了这个节点。

    A. IP 地址   B. HTTP 协议   C. FTP 协议   D. DNS

2. IIS 是属于（   ）公司开发的操作系统自带的服务器组件。

    A. Microsoft   B. Adobe   C. Macromedia   D. IBM

上 机 操 作

试将前面制作的某个网站在 Web 服务器中进行发布。

应　用　篇

任务16

开发茶文化网站

现在已经学习了网页制作的基本技巧,读者应该能够制作出丰富多彩的页面。那么,如何使用这些技术手段开发出优秀的网站呢？只有身临其境地去体验网站开发的全过程,才能把知识化为己有,游刃有余地驾驭制作网页的这些手法、技巧。作为一个专业的网站设计人员,应该先从书写项目计划书入手,在计划书中准确地进行需求分析,表达设计意图,说明创意,阐述设计思路,描述设计草图,以便于后面的制作有所依据。本任务以建设茶文化宣传网站为例,介绍一般小型网站的开发过程。

一、网站建设计划书

(一)建设网站的目的及功能定位

茶,是中华民族的举国之饮。发于神农,闻于鲁周公,兴于唐朝,盛于宋代。几千年来中国不但积累了大量关于茶叶种植、生产的物质文化,更积累了丰富的有关茶的精神文化,这就是中国特有的茶文化,属于文化学范畴。"茶道"如月,人心如江,在各个茶人的心中对茶道自有不同的美妙感受。因此,为了让更多人认识茶文化,了解它的历史渊源,让其长久地传扬下去,特借助网络这个平台,建设网站,以引起更广大群众的注意,弘扬我们的茶文化。

(二)站点规划

创建的是一个茶文化宣传网站,将站点命名为"中国茶道"。在网站中分别建立专门的文件夹,对不同素材进行分类管理,并且以页面栏目的名称作为本页面的名字。

网站中主要包括历史文化、茶的分类、茶道意义、泡茶方法板块。

(三)设计风格

中国茶文化糅合了中国儒、道、佛诸派思想,独成一体,是中国文化中的一朵奇葩,芬芳而甘醇。茶的精神渗透了宫廷和社会,深入中国的诗词、绘画、书法、宗教、医学。因此茶道是具有久远历史文化的,并且带有中华民族气息,所以特采用了带有水墨风格的古色古香的页面效果。

二、网站任务实施

中国的茶文化历史悠久、独树一帜,现要制作一个网站宣传中华民族的茶文化,让更多的人了解、熟悉茶道,领会其博大精深的精髓所在,将其继续发扬光大。本任务制作完成后,网站的首页效果如图 16-1 所示。

图 16-1　主页(index.html)效果图

步骤一　创建站点

建立站点,命名为"中国茶艺",设置保存位置为 E:\chapter16。

步骤二　制作主页

(1) 新建主页面,保存名为"index.html",设置页面背景色。

(2) 插入 2 行 1 列的定位表格,表格宽度为 900 像素,居中对齐。

（3）将定位表格的第一行插入 banner 图片。网页编辑窗口效果如图 16-2 所示。

图 16-2　定位表格第一行在编辑窗口中的效果图

（4）在定位表格的第二行，嵌套一个 1 行 2 列的表格，表格宽度 100％。左侧单元格设置宽度为 224 像素，插入相应图片；右侧单元格中嵌套一个 3 行 1 列的表格，表格宽度为 100％。在嵌套表格的第一行和第三行分别插入相应图片，第二行嵌套一个 1 行 2 列的表格，宽度为 100％，网页编辑窗口效果如图 16-3 所示。

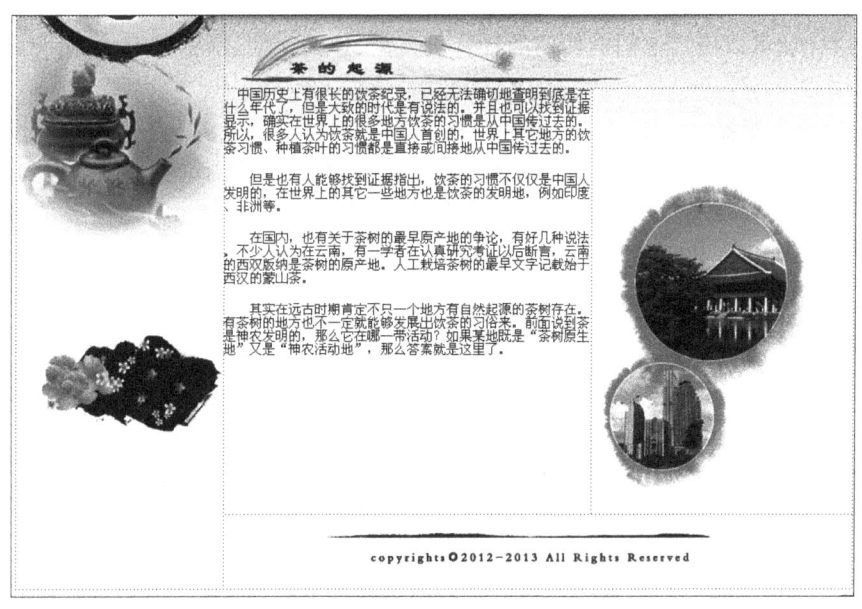

图 16-3　定位表格第二行在编辑窗口中的效果图

（5）保存文件。

提示：制作页面时，其布局方法有很多种，可以根据个人习惯、方法进行制作、布局。

步骤三　制作其他页面

根据主页面的效果，创作完成二级页面效果。

步骤四　创建超链接

根据页面内容做好链接。

步骤五　保存文件，预览最终效果

其实开发网站是一个感性思考与理性分析相结合的复杂过程,正所谓"功夫在诗外",建设网站中最重要的东西,在于我们对网页制作的理解以及设计制作水平,在于我们自身美感以及对页面的把握。所以,制作一个好的网站必须经过仔细的斟酌、良好的设计和认真的规划。

(一) 网站建设的基本流程

1. 网站的总体规划

(1) 确定站点目标

在创建网站时,确定网站的建立目标是第一步。在确定了站点的目标后,设计者才能定位网站将提供什么样的服务。站点目标的复杂程度将影响网站的整体设计。

(2) 确定目标观众

建立一个让所有人都使用、都喜欢的网站是不可能的,但需要判断哪些观众会访问您的站点,这样就可以确定他们会使用的计算机类型、连接速度、浏览器等,从而有的放矢地设计网页。

(3) 区分浏览器

当创建网站时,要意识到不同的用户所使用的操作系统和浏览器都不一样,我们所创建立的网站要尽量支持大量的目标群体使用,其中一个有用的方法是对重要的页面制作不同的版本。

(4) 规划站点

在建设网站的初始就要考虑清楚站点的层次结构,精心组织文件夹目录,并且文件的命名也要简单易懂。一般先建立本地站点,先在本地测试网站,准备好后再上传发布。

(5) 设计导航方案

在站点设计中,要考虑如何使用户轻松、快捷地从网站的一个地方移到另一个地方。所以网站中通常要有位置提示、搜索和索引、联系方式等,便于用户使用。

(6) 网页设计

确定网页的主题、内容、板块和风格。页面的布局要合理,在网页中要保持排版和设计的一致性,要使用户在不同的页面间跳转时,不会因外观感到困惑。根据页面的版面设计,对于重复出现的地方可以使用库项目,对于版面基本一致的页面可以建立模板,提高开发效率。

2. 资源的准备

站点设计好后,就可以根据内容搜集素材了,包括文本、图片、媒体等,在网站正式开发前各种素材应该基本准备齐全。

3. 制作网站

根据前面的总体规划可以按部就班地制作网站了。先要构建出网页的整体框架和布局,再填充页面内容。

4. 测试和发布站点

整个站点编辑完成后先要根据客户端要求、浏览器特点等进行测试,然后进行调整和修改,最后发布到服务器上。

(二)网站的设计构思

要想制作一个好的网页一定要有明确的设计思路,用户必须掌握网站的设计构思方法。在网站的设计构思中需要认真考虑的问题有:网站主题、网站命名、色彩搭配和字体等。

1. 网站主题

主题就是网站的题材。网络上的题材形形色色,常见的有科技、自然、生活、娱乐、体育、影视、旅游、文学、游戏、教育等,几乎渗透到生活的方方面面。但确定题材要遵循一定原则:题材要小而精,要贴近大众,并且网站的定位范围不宜过大,使浏览者一目了然地看到网站的表现内容,选的内容要精致,挑选出最精华的东西放在网站上;选的题材要是自己比较熟悉并且感兴趣的,这样才便于设计,没有兴趣和热情是无法设计出好的网站的,不要把目标定在超越自己能力太多的题材上;体现个性,一个成功的网站应该有自己的文化特色。

2. 网站命名

网站的名称应该是网站主题的概括,一个网站的名称直接影响到浏览者的第一印象。名称要合理、合法、易记;名称要是网站的凝练;网站名称的字数宜控制在6个字以内;名称要独树一帜,直接吸引住浏览者的眼球。

3. 色彩搭配

色彩是一种奇怪的东西,它是美丽而丰富的,能给人带来不同的视觉冲击,能唤起人类的心灵感知。不同的色彩代表了不同的情感,有着不同的象征含义。单纯的颜色并没有实际意义,和不同颜色搭配,它所表现出来的效果也不同。设计的主题不同,配色方案也随之不同。考虑到网页的适应性,应尽量使用网页安全色。但颜色的使用并没有一定法则,如果一定要用某个法则去套,只会适得其反。经验上,我们可先确定一种能表现主题的主体色,然后根据具体的需要,应用颜色的近似和对比来完成整个页面的配色方案,切记一个页面上不能采用过多的颜色。另外,通常背景的颜色不易过深,否则会影响到显示效果,当然也有例外,有的网页选择黑色的背景来制造另类的感觉。总之,整个页面应该色调统一,在视觉上应是一个整体,以达到和谐、悦目的视觉效果。

4. 字体

网页中的字体应该有一定的统一性。标志、标题、菜单、内容的字体都应该有各自的定位,并且在整个网站中都应该达到一致。默认的字体是宋体,为了体现网页的个性风格或需要表现特殊含义,可以设置其他字体,但要使页面感觉统一、和谐。

(三)网页上最常见的功能组件

1. 站标(Logo)

Logo是一个网站的标志,通常站标位于主页面的左上角,当然它的位置也不是一成不变的。

2. 导航栏

导航栏可以直截了当地反映出网页的具体内容,引导浏览者顺利浏览页面,所以,一定要放在一个明显的位置。导航栏有一排、两排、多排、图片导航、框架快捷导航、动态导航等类型。

3. 广告条

广告条又称广告栏。一般位于网页顶部、导航栏的上方,与左上角的站标相邻,当然它的位置也不是一成不变的。

4. 搜索引擎

搜索引擎是用来为用户提供方便的,可以使用户以最快的方式在站点内查找所需要的信息。

5. 注册和登录区

注册和登录区是用户注册会员和以会员身份登录的区域,从而使用户可以享受网站提供的更多服务。

(四) 网页的布局

网页布局大致可分为"国"字形、拐角型、标题正文型、左右框架型、上下框架型、综合框架型、封面型、Flash型、变化型,下面分别论述其中几种。

(1)"国"字形:也可以称为"同"字形,是一些大型网站所喜欢的类型,即最上面是网站的标题以及横幅广告条,接下来就是网站的主要内容,左右分列两小条内容,中间是主要部分,与左右一起罗列到底,最下面是网站的一些基本信息、联系方式、版权声明等。这种结构是我们在网上见到的最多的一种结构类型,如图16-4所示。

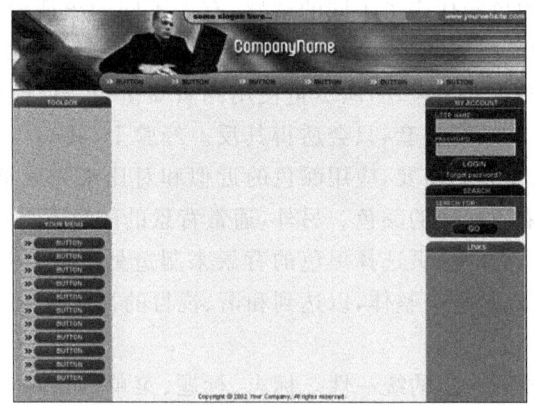

图16-4 "国"字形布局结构案例

(2)拐角型:这种结构与"国"字形只是形式上的区别,其实是很相近的,上面是标题及广告横幅,接下来的左侧是一窄列链接等,右列是很宽的正文,下面也是一些网站的辅助信息。在这种类型中,一种很常见的类型是最上面是标题及广告,左侧是导航链接,如图16-5所示。

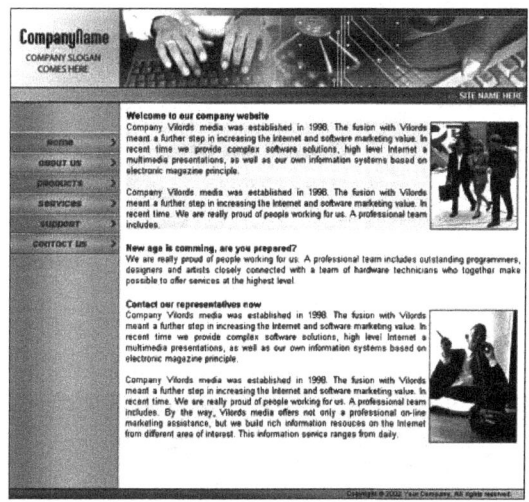

图 16-5 拐角型布局结构案例

（3）标题正文型：这种类型即最上面是标题或类似的一些东西，下面是正文，比如一些文章页面或注册页面等就是这种类型，如图 16-6 所示。

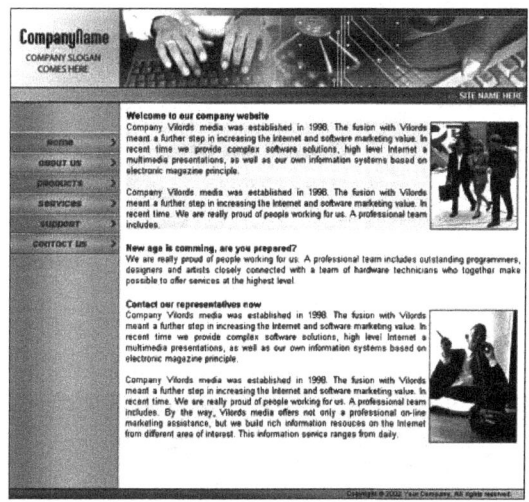

图 16-6 标题正文型布局结构案例

（4）框架型：分为左右框架型、上下框架型和综合框架型。我们见到的大部分的大型论坛都是这种结构的，有一些企业网站也喜欢采用。这种类型结构非常清晰，一目了然，如图 16-7 所示。

（5）封面型：这种类型基本上出现在一些网站的首页，大部分为一些精美的平面设计结合一些小的动画，放上几个简单的链接或者仅是一个"进入"的链接甚至直接在首页的图片上做链接而没有任何提示。这种类型大部分出现在企业网站和个人主页，如果处理得好，会给人带来赏心悦目的感觉，如图 16-8 所示。

图 16-7　框架型布局结构案例

图 16-8　封面型布局结构案例

（6）Flash 型：其实这与封面型结构是类似的，只是这种类型采用了目前非常流行的 Flash。由于 Flash 具有强大的功能，页面所表达的信息更丰富，其视觉效果及听觉效果如果处理得当，绝不差于传统的多媒体，如图 16-9 所示。

图 16-9　Flash 型布局结构案例

（7）变化型：上面几种类型的结合与变化，比如本项目中的班级网站在视觉上是很接近拐角型，但所实现的功能实质是那种上、左、右结构的综合框架型。

小　结

本任务介绍了一般小型网站开发的流程、网页的设计方法。通过本任务的学习，读者应该了解了一般网站开发的全过程，能够自己独立建设一个简单网站。

上 机 操 作

题目：开发班级网站

要求：

（1）书写项目计划书。用简明的语言说明网站的创意、结构。网站的主题是什么？功能是什么？风格是什么？分为几个板块？如何布局？如何搭配颜色？如何设置导航条？每部分的特色和技术特点是什么？站点结构如何组织？文件和文件夹的命名如何处理？

（2）网站要体现自己的风格。人与人都是不同的，此开发的班级网站要体现自身特点，将自己的风格完全展现出来。

（3）采用 $1024×768$ 像素的分辨率。

（4）网页的内容要充实、有价值，能正确表现主题。

（5）网页数不少于 6 个，链接不少于 3 层。

（6）超链接的定位要准确。

（7）正常发布。

任务17

开发旅游网站

一、旅游网站建设计划书

（一）现况分析

随着经济的发展和人们生活的富裕，旅游业也飞速发展。中国旅游业是一个新兴产业，被称为"永远的朝阳产业"、"永远的环保绿色产业"、"国民经济提升的催化剂"。据统计，到2020年，全国旅游业增加值预计占全国服务业增加值的12%以上。据世界旅游组织预测，中国将成为21世纪全球最大的旅游市场。当今的网络时代给旅游业带来了更广阔的发展市场。由于国际互联网是一个不受时空限制的信息交换系统，是一种最直接、最丰富和最快捷的联系方式，信息沟通的高效率为旅游业带来了更大的方便。互联网将为传统旅游业提供新的机遇及提高服务水平和运作水平的手段。所以，旅游公司建立自己的网站势在必行。

（二）特点分析

本旅游公司网站将借助互联网，来解决传统旅游业不能解决的适应游客行、吃、住、游、玩一体化的需求；同时，由于旅游也作为一个整体的商业生态链，涉及旅行服务机构、酒店、景区、交通等，利用互联网可以将这些环节连成一个统一的整体，进而可以大大提高服务的水平和业务的来源，尽可能地为游客带来方便，提供最有用的信息。

（三）建设方案

本网站主题为"大自然的清新"，网站的设计风格整体保持一种清新愉快、心旷神怡的感觉，给浏览者一种美的享受。本系统完美地实现了旅游网站的各种应用，主要模块有：线路预订、酒店预订、机票预订、注册会员、新闻发布、联系我们、旅游论坛，以及完善的、强大的后台管理操作。

提示：本站点的许多功能是要依靠数据库和服务器端脚本程序来实现的，比如旅游论坛，会员注册等功能，这些都超出了本书的知识范围，因此本书中对于该任务的实施，只涉及了前台页面的设计。

二、旅游网站项目实施

任务描述

　　清新旅游公司要制作其官方网站,要将公司的整体形象和公司的各项经营项目详细、全面地介绍给广大客户,让更多的人关注该公司,起到积极地宣传作用。本任务制作完成后,网站的首页效果如图 17-1 所示。

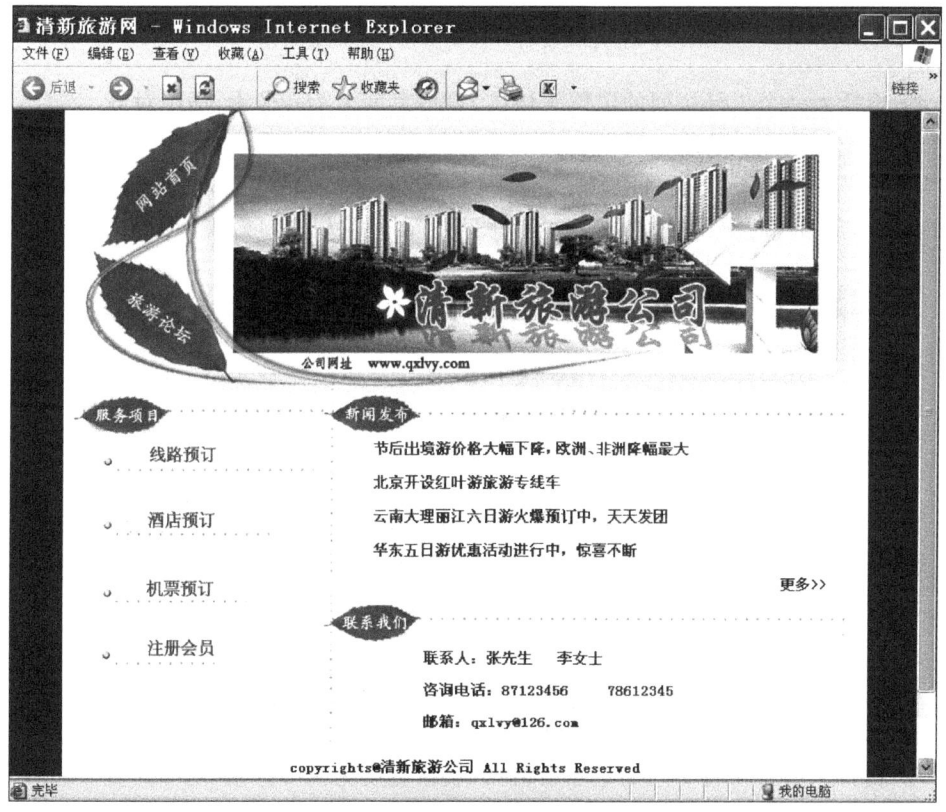

图 17-1　主页(index. html)效果图

实施步骤

步骤一　创建站点
建立站点,命名为“大自然的清新”,设置保存位置为 E:\chapter17。
步骤二　制作主页
(1) 新建页面,保存名为“index. html”,设置页面背景颜色。
(2) 插入 1 行 1 列的定位表格一,表格宽度为 780 像素,居中对齐。

（3）在定位表格一中插入 banner 图片，网页编辑窗口效果如图 17-2 所示。

图 17-2   定位表格一在编辑窗口中的效果图

（4）再插入一个 1 行 2 列的定位表格二，表格宽度为 780 像素，居中对齐。

（5）在定位表格二的第一列插入相应导航图片，第二列嵌套一个 4 行 1 列的表格，并命名为"edit"，在这个嵌套表格中，第二行嵌套一个 5 行 1 列的表格，第四行嵌套一个 3 行 1 列的表格，在相应的单元格中插入文字和图片。网页编辑窗口效果如图 17-3 所示。

图 17-3   定位表格二在编辑窗口中的效果图

（6）再插入一个 1 行 1 列的定位表格三，表格宽度为 780 像素，居中对齐。

（7）输入版权信息，网页编辑窗口效果如图 17-4 所示。

copyrights@清新旅游公司 All Rights Reserved

图 17-4   定位表格三在编辑窗口中的效果图

（8）保存文件。

步骤三   制作模板

（1）将"index. html"页面另存为模板文件。

（2）在文件中把表格"edit"删除，在这个位置，也就是定位表格二的第二列设置可编辑区域，命名为"内容"。网页编辑窗口效果如图 17-5 所示。

（3）保存模板文件。

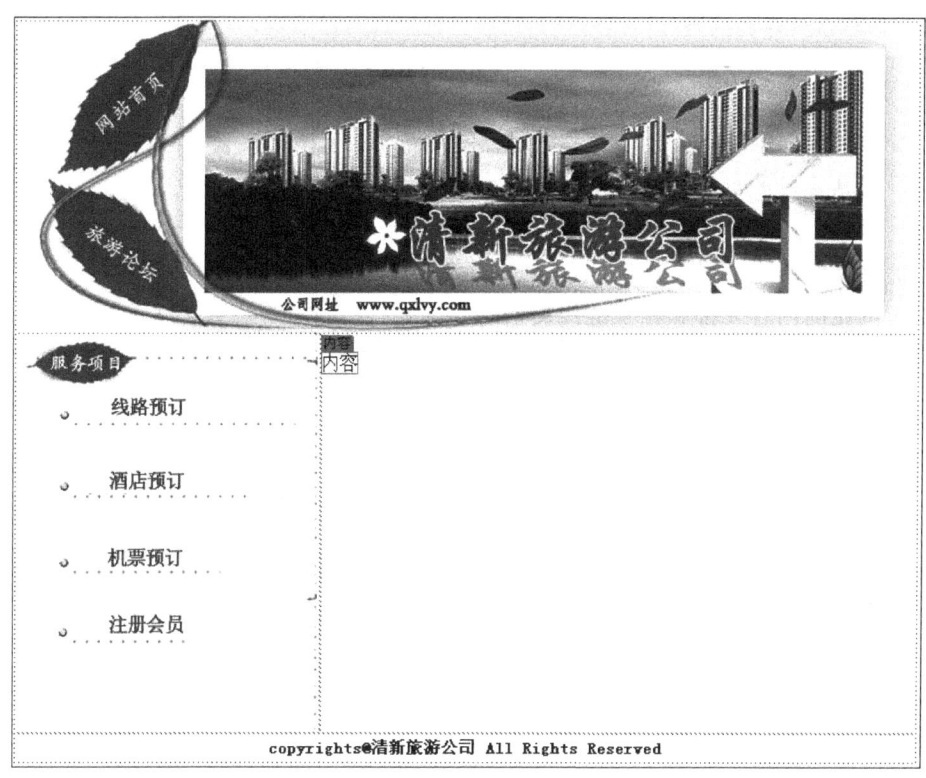

图 17-5　模板效果图

步骤四　制作其他页面

利用模板,自行制作其他栏目页面。

步骤五　创建超链接

根据页面内容制作链接,利用模板制作的页面,只需要更改模板的链接即可以更改相关页面的超链接。

步骤六　保存文件,预览最终效果

一个网站的建设往往是由一个团队共同进行的,通常不是一个人能够独立完成的,一个团队主要由项目经理、网页设计和策划、美工、编辑、程序和调试员等组成,可以一人兼多职,分工合作进行。

(一) 商业网站的开发流程

1. 客户提出建站申请

在建设网站前,请客户提供一份详细的需求说明书,主要包括网站建设的基本要求和基本功能需求。其中,设计者可以对客户进行引导来挖掘其潜在的、根本的需求,从而配合客户写一份详细的需求说明书,这样可以避免因为需求不明而造成网站开发的失败。

2．制定网站建设方案

有了需求说明后,进行网站的总体设计,提出一份网站建设方案给客户,主要包括以下内容。

（1）客户的需求分析。

（2）网站建设的目的和需要实现的目标。

（3）网站的形象设计说明。

（4）网站的结构和栏目板块。

（5）网站的内容安排和相互链接关系。

（6）网站开发的软硬件环境和技术说明。

（7）网站的宣传和推广方案。

（8）网站维护方案。

（9）开发投入的人力和时间以及制作费用。

（10）开发进度表。

3．签署相关协议,客户支付预付款

针对任务内容和具体需求,双方进行协商,达成一致后,双方签订合同,客户支付预付款,并且提供相关文本及图片资料。

4．网站的详细设计方案

在网站建设方案得到客户认可后,制作一个详细的设计方案,具体到站点的组织,网站的风格、颜色、板块的设置和布局、链接的设计等。

5．网站制作

根据设计方案分工完成制作,制作完首页和标准页的模板后,将初稿提供给客户,双方经过协商,调整到客户满意后,再进行网站的整体建设。在制作过程中,要随时测试网页和程序,项目经理要随时了解进度情况,进行相应的调整。

6．网站的测试和签收

客户根据协议内容进行签收工作,验收合格后,支付余款。网站建设方负责将网站上传到指定服务器上,至此,网站建设全过程结束。

7．网站后期维护工作

根据具体情况,客户可以与网站建设方签署《网站维护协议》,由网站建设方负责维护和更新,也可以客户配备专门的网站维护人员进行负责。

（二）商业网站的建站方案书详解

1．建设网站前的市场分析

（1）相关行业的市场是怎样的、市场有什么样的特点、是否能够在互联网上开展公司业务。

（2）市场主要竞争者分析,竞争对手上网情况及其网站规划、功能作用。

（3）公司自身条件分析、公司概况、市场优势,可以利用网站提升哪些竞争力,建设网站的能力（费用、技术、人力等）。

2. 建设网站目的及功能定位

（1）为什么要建立网站，是为了宣传产品、进行电子商务，还是建立行业性网站？是企业的需要还是市场开拓的延伸？

（2）整合公司资源，确定网站功能。根据公司的需要和计划，确定网站的功能：产品宣传型、网上营销型、客户服务型、电子商务型等。

（3）根据网站功能，确定网站应达到的目的作用。牢记以"消费者"为中心，而不是以"美术"为中心。

（4）企业内部网（Intranet）的建设情况和网站的可扩展性。

3. 网站技术解决方案

根据网站的功能确定网站技术解决方案。

（1）采用自建服务器，还是租用虚拟主机。

（2）选择操作系统，分析投入成本、功能、开发、稳定性和安全性等。

（3）采用系统性的解决方案等公司（如 IBM、HP）提供的企业上网方案、电子商务解决方案，还是自己开发。

（4）网站安全性措施，防黑、防病毒方案。

（5）相关程序开发。如网页程序 ASP、JSP、CGI、数据库程序等。

4. 网站内容规划

（1）根据网站的目的和功能规划网站内容，一般企业网站应包括公司简介、产品介绍、服务内容、价格信息、联系方式、网上订单等基本内容。

（2）电子商务类网站要提供会员注册、详细的商品服务信息、信息搜索查询、订单确认、付款、个人信息保密措施、相关帮助等。

（3）如果网站栏目比较多，则考虑采用网站编程专人负责相关内容。

注意：网站内容是网站吸引浏览者最重要的因素，无内容或不实用的信息不会吸引匆匆浏览的访客。可事先对人们希望阅读的信息进行调查，并在网站发布后调查人们对网站内容的满意度，以及时调整网站内容。

5. 网页设计

（1）站点的主题要鲜明突出、要点明确，以简单明确的语言和画面体现站点的主题。

（2）网页美术设计要求，网页美术设计一般要与企业整体形象一致，要符合 CI 规范。要注意网页色彩、图片的应用及版面规划，保持网页的整体一致性。

（3）在新技术的采用上要考虑主要目标访问群体的分布地域、年龄阶层、网络速度、阅读习惯等以制订网页改版计划，如半年到一年时间进行较大规模改版等。

（4）导航设计的目的是方便用户浏览，将整个网站有机地连接在一起，所以导航结构一定要清晰，也要符合用户的浏览习惯。

6. 网站维护

（1）服务器及相关软硬件的维护，对可能出现的问题进行评估，制定响应时间。

（2）数据库维护，有效地利用数据是网站维护的重要内容，因此数据库的维护要受到重视。

（3）内容的更新、调整等。

（4）制定相关网站维护的规定，将网站维护制度化、规范化。

7. 网站测试

网站发布前要进行细致周密的测试，以保证正常浏览和使用，主要测试内容如下。

（1）服务器稳定性、安全性。

（2）程序及数据库测试。

（3）网页兼容性测试，如浏览器、显示器。

（4）根据需要的其他测试。

8. 网站发布与推广

（1）网站测试后进行发布的公关，广告活动。

（2）搜索引擎登记等。

9. 网站建设日程表

各项规划任务的开始完成时间、负责人等。

10. 费用明细

各项事宜所需费用清单。

以上为网站规划书中应该体现的主要内容，根据不同的需求和建站目的，内容也会增加或减少。在建设网站之初一定要进行细致的规划，才能达到预期建站目标。

小　结

本任务介绍了一般商业网站开发的流程，尤其商业网站建设方案的具体书写方法。通过本任务的学习，读者应该掌握商业网站的建设过程，能自己独立设计一个小型的商业网站，并能正确书写建设方案。

上 机 操 作

题目：开发在线购物网站

要求：

（1）书写项目计划书。用简明的语言说明网站开发的必要性，实现的主要功能是什么？设计风格是什么？分为几个板块？如何布局？如何搭配颜色？如何设置导航条？如何实现公司与消费者的沟通？每部分的特色和技术特点是什么？站点结构如何组织？文件和文件夹的命名是如何处理的？

（2）网站主要销售电脑相关产品，提供硬件、软件、网卡、网上教学等服务。

（3）采用 1024×768 像素的分辨率。

（4）网页的布局要清晰。

（5）网页数不少于 6 个，链接不少于三层。

（6）超链接的定位要准确。

（7）正常发布。

任务18

课程实训设计

 实 训 目 的

通过任务,使读者熟练掌握一般网站设计的基本流程;培养读者制作网页、建设网站的能力;要求读者独立制作出具有一定思想和创意的网页,并且使读者从中能够掌握独立开发网站、设计网页、维护网站的方法,具备网站开发的相关知识。总之,通过任务可以达到全面理解、运用网页制作的知识,并使之得以融会贯通,在掌握理论的基础上再加以实践,进一步提高、加强综合能力。

 实 训 内 容

学生在给出的参考题目中选择一个感兴趣并且相对熟悉的题目,然后运用前面所学的 Dreamweaver CS6 的相关知识设计网页,制作出别具风格、图文并茂的网页(后面提供参考样张)。

参考题目如下:

(1) 体育网站(图 18-1～图 18-3);

(2) 购物网站(图 18-4～图 18-6);

(3) 文学网站(图 18-7～图 18-9)。

实 训 要 求

(1) 网页体裁、形式、风格不限。

(2) 网站的网页数目要求包含一个主页、4 个以上二级页面和 4 个以上三级页面。

(3) 网站导航清楚、使用方便。

(4) 网站栏目合理、层次分明。

(5) 页面颜色明快、醒目、结构合理。

(6) 网页中最好可以添加自行设计的 Flash 动画和运用 Photoshop 处理的图片。

(7) 网页中要有表单。

(8) 网页中要有行为和 CSS 样式的使用。

1. 网站规划

确定要制作的网站的类型、主题、规模。写出书面材料,画出站点规划层次图,并做主要说明。

2. 搜集、整理材料

根据网站规划,上网浏览他人优秀网站,搜集相关材料并整理,要有层次观念,养成归纳的好习惯。

3. 网页设计与制作

(1) 主页及内容设计。这一阶段是实训的核心部分,首先总体规划整个网站内容的结构,总体上把握网站的内容特点,开始制作主页。主页的内容、结构和链接设计应醒目、让人一目了然。

(2) 页面设计。主页制作完成后,学生们根据自己的设计思想来创作其他页面,在页面设计时,主要考虑整体布局、视觉平衡、页面尺寸和页面框架4个方面的因素。保持网站的整体设计风格统一和一致,避免凌乱,要做到有步骤、有计划地设计和制作。

(3) 文本、图片、动画等多媒体素材处理。想要网页生动、别具特色,还需强调文本、图片、Flash小动画或GIF动画的编辑,声音和视频等的处理和加工是否保持相对的一致性。这主要考验学生的图形处理能力、艺术思维、美学技能等几个方面的基本功。

4. 网站调试

网站的各个页面完成后,就要进行站点的调试,要做到网页三要素的要求,力求准确、简洁、明快、结构简单。

5. 网站发布

网站基本建设好了,就要发布到网站服务器上,形成一个完整站点。

(1) 主机上要求安装有 Dreamweaver CS6、Flash、Photoshop 等软件。

(2) 主机能与互联网相连,以便学生能够浏览优秀网站,搜集相关材料等。

(3) 将主机配置成 Web 服务器。

参 考 作 品

1. 体育网站（见图 18-1～图 18-3）

图 18-1 作品一 中国体育网

图 18-2 作品二 雅虎体育网

图 18-3   作品三   中国学生体育网

2. 购物网站(见图 18-4～图 18-6)

图 18-4   作品一   京东网上商城

图 18-5 作品二 凡客诚品网

图 18-6 作品三 梦芭莎女装网

3．文学网站（见图 18-7～图 18-9）

图 18-7　作品一　湘滨文学网

图 18-8　作品二　好心情原创文学网

图 18-9　作品三　百草园文学网

附 录

HTML标签

一、总类（所有 HTML 文件都有的）

文件类型 <HTML></HTML>（放在档案的开头与结尾）

文件主题 <TITLE></TITLE>（必须放在「文头」区块内）

文档头 <HEAD></HEAD>（描述性资料，像是「主题」）

文档体 <BODY></BODY>（文件本体）

二、结构性定义（由浏览器控制的显示风格）

标题 <H？></H？>（从 1～6，有 6 种选择）

标题的对齐 <H？ ALIGN=LEFT|CENTER|RIGHT></H？>

层 <DIV></DIV>

层的对齐 <DIV ALIGN=LEFT|RIGHT|CENTER|JUSTIFY></DIV>

引文区块 <BLOCKQUOTE></BLOCKQUOTE>（通常会内缩）

强调 <EM></EM>（通常会以斜体显示）

特别强调 <STRONG></STRONG>（通常会以加粗显示）

引文 <CITE></CITE>（通常会以斜体显示）

码 <CODE></CODE>（显示原始码之用）

样本 <SAMP></SAMP>

键盘输入 <KBD></KBD>

变数 <VAR></VAR>

定义 <DFN></DFN>（有些浏览器不提供）

地址 <ADDRESS></ADDRESS>

大字 <BIG></BIG>

<SMALL></SMALL>

三、与外观相关的标签（网页作者自定义的表现方式）

加粗 <B></B>

斜体 <I></I>

底线 <U></U>

删除线 <S></S>

下标

上标

打字机体 <TT></TT>（用单空格字形显示）

预定格式 <PRE></PRE>（保留文件中空格的大小）

预定格式的宽度 <PRE WIDTH=？></PRE>（以字元计算）

向中看齐 <CENTER></CENTER>（文字与图片都可以）

闪耀 <BLINK></BLINK>

字体大小 <FONT SIZE=？></FONT>（从 1~7）

改变字体大小 <FONT SIZE=＋|－？></FONT>

基本字体大小 <BASEFONT SIZE=？>（从 1~7，内定为 3）

字体颜色 <FONT COLOR="♯＄＄＄＄＄＄"></FONT>

四、链接与图形

链接 <A HREF="URL"></A>

链接到锚点 <A HREF="URL♯***"></A>（如果锚点在另一个文档）

<A HREF="♯***"></A>（如果锚点目前的文档）

链接到目的窗口 <A HREF="URL" TARGET="***"></A>

设定锚点 <A NAME="***"></A>

图形 <IMG SRC="URL">

图形看齐方式 <IMG SRC="URL" ALIGN=TOP|BOTTOM|MIDDLE>

图形看齐方式 <IMG SRC="URL" ALIGN=LEFT|RIGHT|TEXTTOP|ABSMIDDLE|BASELINE|ABSBOTTOM>

取代文字 <IMG SRC="URL" ALT="***">（如果没有办法显示图形则显示此文字）

点选图 <IMG SRC="URL" ISMAP>

点选图 <IMG SRC="URL" USEMAP="URL">

地图 <MAP NAME="***"></MAP>（描述地图）

段落 <AREA SHAPE="RECT" COORDS="…" HREF="URL"|NOHREF>

大小 <IMG SRC="URL" WIDTH="?" HEIGHT="?">（以 px 为单位）

图形边缘 <IMG SRC="URL" BORDER=？>（以 px 为单位）

图形边缘空间 <IMG SRC="URL" HSPACE=？ VSPACE=？>（以 px 为单位）

低解析度图形 <IMG SRC="URL" LOWSRC="URL">

用户端拉 <META HTTP-EQUIV="Refresh" CONTENT="?；URL=URL">（使用端自动更新）

内嵌物件 <EMBED SRC="URL">（将物件插入页面）

内嵌物件大小 <EMBED SRC="URL" WIDTH="?" HEIGHT="?">

五、分隔

段落 <P></P>（定义成容器型标签）

文字看齐方式 <P ALIGN＝LEFT|CENTER|RIGHT></P>

换行
（一个 return）

文字部分看齐方式<BR CLEAR＝LEFT|RIGHT|ALL>（与图形合用时）

横线 <HR>

横线对齐 <HR ALIGN＝LEFT|RIGHT|CENTER>

横线厚度 <HR SIZE＝? >（以 px 为单位）

横线宽度 <HR WIDTH＝? >（以 px 为单位）

横线比率宽度 <HR WIDTH＝%>（以页宽为 100%）

实线 <HR NOSHADE>（没有立体效果）

不可换行 <NOBR></NOBR>（不换行）

可换行处 <WBR>（如果需要,可在此断行）

六、列表

无次序式列表 <UL><LI></UL>（<LI> 放在每一项前）

公布式列表 <UL TYPE＝DISC|CIRCLE|SQUARE>（定义全部的列表项）

<LI TYPE＝DISC|CIRCLE|SQUARE>（定义这个及其后的列表项）

有次序式列表 <OL><LI></OL>（<LI> 放在每一项前）

数标形态 <OL TYPE＝A|a|I|i|1>（定义全部的列表项）

<LI TYPE＝A|a|I|i|1>（定义这个及其后的列表项）

起始数字 <OL value＝? >（定义全部的列表项）

<LI value＝? >（定义这个及其后的列表项）

定义式列举 <DL><DT><DD></DL>（<DT>项目,<DD>定义）

表单式列表 <MENU><LI></MENU>（<LI> 放在每一项前）

目录式列表 <DIR><LI></DIR>（<LI> 放在每一项前）

七、背景与颜色

重复排列的背景 <BODY BACKGROUND＝"URL">

背景颜色 <BODY BGCOLOR＝"♯$$$$$$">（依序为红、绿、蓝）

文字颜色 <BODY TEXT＝"♯$$$$$$">

链接颜色 <BODY LINK＝"♯$$$$$$">

访问过的链接 <BODY VLINK＝"♯$$$$$$">

激活的链接 <BODY ALINK＝"♯$$$$$$">

八、表单

定义表单 <FORM ACTION＝"URL" METHOD＝GET|POST></FORM>

上传文件 <FORM ENCTYPE="multipart/form-data"></FORM>

各种输入表单元素 <INPUT TYPE="TEXT|PASSWORD|CHECKBOX|RADIO|IMAGE|HIDDEN|SUBMIT|RESET">

输入表单元素名称 <INPUT NAME="***">

输入表单元素内定值 <INPUT value="***">

已选定 <INPUT CHECKED>（适用于 checkboxes 与 radio boxes）

输入表单元素宽度 <INPUT SIZE=? >（以字元数为单位）

最长字数 <INPUT MAXLENGTH=? >（以字元数为单位）

下拉式菜单 <SELECT></SELECT>

下拉式菜单名称 <SELECT NAME="***"></SELECT>

选单项目数量 <SELECT SIZE=? ></SELECT>

列表 <SELECT MULTIPLE>（多选）

选项 <OPTION>

默认选中的选项 <OPTION SELECTED>

文本区域 <TEXTAREA ROWS=? COLS=? ></TEXTAREA>

文本区域名称 <TEXTAREA NAME="***"></TEXTAREA>

文本区域换行方式 <TEXTAREA WRAP=OFF|VIRTUAL|PHYSICAL></TEXTAREA>

九、表格

定义表格 <TABLE></TABLE>

表格框线 <TABLE BORDER></TABLE>（有或没有）

表格框线 <TABLE BORDER=? ></TABLE>（可以设定数值）

单元格左右填充 <TABLE CELLSPACING=? >

单元格上下填充 <TABLE CELLPADDING=? >

表格宽度 <TABLE WIDTH=? >（以 px 为单位）

宽度比率 <TABLE WIDTH=%>（页宽为100%）

表格列 <TR></TR>

表格列内容对齐 <TR ALIGN=LEFT|RIGHT|CENTER VALIGN=TOP|MIDDLE|BOTTOM>

单元格 <TD></TD>（须与列并用）

单元格内容对齐 <TD ALIGN=LEFT|RIGHT|CENTER VALIGN=TOP|MIDDLE|BOTTOM>

不换行 <TD NOWRAP>

单元格背景颜色 <TD BGCOLOR="#$$$$$$">

单元格横向跨度 <TD COLSPAN=? >

单元格纵向跨度 <TD ROWSPAN=? >

单元格宽度 <TD WIDTH=? >（以 px 为单位）

单元格宽度比率 ＜TD WIDTH＝％＞（页宽为 100％）

表格标题 ＜TH＞＜/TH＞（跟＜TD＞一样,不过会居中并加粗）

表格标题不换行 ＜TH NOWRAP＞

表格标题占几栏 ＜TH COLSPAN＝？＞

表格标题占几列 ＜TH ROWSPAN＝？＞

表格标题宽度 ＜TH WIDTH＝？＞（以 px 为单位）

表格标题比率宽度＜TH WIDTH＝％＞（页宽为 100％）

表格抬头 ＜CAPTION＞＜/CAPTION＞

表格抬头看齐 ＜CAPTION ALIGN＝TOP｜BOTTOM＞（在表格之上/之下）

参 考 文 献

[1] 数字艺术教育研究室. 中文版 Dreamweaver CS6 基础培训教程[M]. 北京：人民邮电出版社,2012.

[2] 刘小伟. Dreamweaver CS6 中文版多功能教材[M]. 北京：电子工业出版社,2013.

[3] 胡仁喜. Dreamweaver CS6 中文版标准实例教程[M]. 北京：机械工业出版社,2013.